D. S.

L'AGRICULTURE

A

L'ÉCOLE PRIMAIRE

EN 42 LEÇONS

Par F. C.

2me ÉDITION

*Ouvrage honoré par la Société des Agriculteurs de France
d'une récompense et d'une Médaille d'argent G. M.*

Qui fait aimer les champs
fait aimer la vertu.

(DELILLE)

PROCURE GÉNÉRALE

DES FRÈRES DE L'INSTRUCTION CHRÉTIENNE

PLOËRMEL (MORBIHAN)

1894

L'AGRICULTURE

A L'ÉCOLE PRIMAIRE

L'AGRICULTURE

A L'ÉCOLE PRIMAIRE

EN 42 LEÇONS

Par F. C.

2ᵐᵉ ÉDITION

*Ouvrage honoré par la Société des Agriculteurs de France
d'une récompense et d'une Médaille d'argent G. M.*

Qui fait aimer les champs
fait aimer la vertu.

(DELILLE)

PROCURE GÉNÉRALE

DES FRÈRES DE L'INSTRUCTION CHRÉTIENNE

PLOËRMEL (MORBIHAN)

1894

L'AGRICULTURE

A L'ÉCOLE PRIMAIRE

1ᵉ LEÇON

L'agriculture.

*La profession d'agriculteur est
honorable et sainte* (S. Augustin).

1. — C'est Dieu lui-même qui a institué l'agriculture lorsqu'il a dit à Adam : « Tu mangeras ton pain à la sueur de ton front, car la terre ne produira d'elle-même que des ronces et des épines. »

2. — C'est donc obéir au Créateur, faire sa volonté, que de s'occuper d'agriculture.

3. — Combien nous devons estimer et aimer, mes enfants, une occupation imposée par Dieu même !

4. — La profession d'agriculteur est utile et honorable entre toutes : nulle autre ne peut le lui disputer en ancienneté et en noblesse.

5. — Sans l'agriculture, l'homme mourrait de faim : le laboureur est le nourricier du genre humain. Honneur donc au bon et vaillant laboureur !

6. — L'agriculture est l'art de cultiver la terre ; elle a pour but, à l'aide du secours divin, de produire avec le moins de frais possible les plantes utiles et les meilleures espèces d'animaux domestiques.

7. — Le cultivateur doit s'efforcer de faire rendre à la terre le maximum de ce qu'elle peut produire. Pour y parvenir, il emploiera les meilleures méthodes ainsi que l'outillage le mieux approprié à la fin qu'il se propose.

8. — Que l'homme des champs, qui vit au milieu des œuvres du Créateur, ne perde jamais de vue Celui qui fait germer et croître les plantes et mûrir les moissons. Tandis que son front est courbé vers la terre, que son cœur s'élève vers l'Auteur de tout bien.

Questionnaire.

1. — Qui a institué l'agriculture ?

2. — Est-il bon de s'occuper d'agriculture ?

3. — Quels sentiments devons-nous avoir pour la profession d'agriculteur ?

4. — La profession d'agriculteur est-elle utile, honorable ?

5. — Quels services l'agriculteur rend-il au genre humain?

6. — Qu'est-ce que l'agriculture ? — Quel est son but ?

7. — A quoi doivent tendre les efforts du cultivateur ?

8. — Que doit-il faire pendant son travail?

Problèmes.

1. — Une exploitation agricole d'une superficie de 36 hectares 4 ares est partagée en *six soles*. Quelle est l'éten-

due d'une sole sachant que 16 hectares sont en prairies naturelles?

Rép. : *L'étendue d'une sole est de 3 hectares 34.*

2. — Le rendement moyen, d'après la statistique du Ministère de l'Agriculture pour 1891, a été, en France, de 13 hl. 49 de froment à l'hectare. Dans une exploitation bien cultivée on a obtenu, cette même année, 30 hl. à l'hectare. Le prix moyen de l'hl. de froment étant de 20 fr. 54, qu'a-t-on gagné par hectare à bien cultiver cette terre?

Rép. : *Le gain, par hectare, a été de 339 fr. 11.*

3. — Lequel est le plus avantageux, de cultiver du méteil ou du seigle, sachant que le premier rapporte en moyenne 13 hl. 65 à l'hectare, et le second 14 hl. 40? L'hectol. de méteil vaut en moyenne 16 fr. 68, l'hectol. de seigle 13 fr. 54.

Rép. : *Il est plus avantageux de cultiver du métei.. On gagne à cette culture 32 fr. 70.*

2ᵉ LEÇON

—

Sol et sous-sol.

Aide-toi, le Ciel t'aidera.

9. — *Sol.* — Le sol arable, ou terre labourable, se compose ordinairement de quatre éléments divers, qui sont : l'argile, le calcaire, la silice ou sable et l'humus. Aucune de ces parties constitutives ne peut faire défaut sans qu'il manque quelque chose d'essentiel à la nourriture et au développement des plantes

10. — *Argile.* — L'argile ou glaise est une terre blanchâtre, douce au toucher ; en se desséchant, elle devient dure et se fendille en tous sens, et happe à la langue quand on l'a soumise au feu. — On nomme *terres fortes* ou *argileuses* celles dans lesquelles domine l'argile.

11. — *Calcaire.* — Le calcaire est une pierre ordinairement blanchâtre, que l'action du feu peut changer en chaux ; la craie, le marbre, les coquilles, etc., sont des calcaires. Ces pierres sont des combinaisons de l'acide carbonique avec la chaux. Quand on verse un acide sur le calcaire, l'acide carbonique se dégage en bouillonnant. — On appelle *terres calcaires* celles dans lesquelles domine la chaux.

12. — *Sable.* — Le sable est une poussière plus ou moins fine formée de fragments de roches généralement quartzeuses, désagrégées par une cause quelconque. — On appelle *terres légères* ou *sablonneuses* celles dans lesquelles le sable domine.

13. — *Humus.* — L'humus ou terreau est une matière brunâtre formée par la décomposition des débris d'animaux et de végétaux. Il a des propriétés fertilisantes spéciales. Lorsqu'il est soluble, il est absorbé par les racines des plantes et il constitue soit les tissus, soit les principes immédiats contenus dans les végétaux. — On appelle *terres franches* celles dans lesquelles les quatre éléments dont nous venons de parler sont mélangés dans des proportions convenables : ces terres sont les plus fertiles.

14. — *Sous-sol.* — Le sous-sol, comme son nom l'indique, est la couche qui se trouve immédiatement au-dessous de la terre végétale. Il exerce une grande influence sur la végétation, suivant sa qualité, et aussi suivant qu'il est plus ou moins perméable. Si, par exemple, le sous-sol est trop argileux, il empêche les eaux pluviales de passer, et rend la terre humide et même marécageuse.

Questionnaire.

9. — Quels sont les éléments dont se composent ordinairement les terres labourables ?

10. — Qu'est-ce que l'argile ? — Qu'appelle-t-on terres fortes ?

11. — Qu'est-ce que le calcaire ? — Qu'appelle-t-on terres calcaires ?

12. — Qu'est-ce que le sable ? — Qu'appelle-t-on terres légères ?

13. — Qu'est-ce que l'humus ? — Quelles sont les propriétés spéciales de l'humus ? — Qu'appelle-t-on terres franches ?

14. — Qu'est-ce que le sous-sol ? — Quelle est l'influence du sous-sol sur la végétation ?

Problèmes.

4. — Le rendement moyen d'un hectare de froment a été, en France, en 1891, de 13 hectol. 49. Quelle a été la valeur totale de la récolte annuelle, l'hectol. valant 20 fr. 54, sachant que 5 754 844 hectares ont été cultivés en blé ?

RÉP. : *La valeur totale de la récolte a été de 1 594 578 647 fr. 80.*

5. — Quelle est la quantité de chaux à employer pour rendre cultivable un terrain marécageux d'une contenance de 72 ares 60 centiares, sachant qu'on a employé 45 hectol. à l'hectare ? — A combien s'élèvera la dépense si l'hectol. de chaux coûte 1 fr. 75, et si la main-d'œuvre se paye 0 fr. 125 par are ?

RÉP. : *1° On emploiera 32 hectol. 67 de chaux ; 2° la dépense s'élèvera à 66 fr. 25.*

6. — Un ouvrier achète un terrain marécageux pour 580 fr. Il en fait une oseraie qui lui rapporte annuellement 90 fr. net. A quel taux a-t-il placé son argent ?

RÉP. : *Il a placé son argent à 15 1/2 0/0.*

3ᵉ LEÇON

—

Amendements.

*L'homme ne peut rien,
sans le secours de Dieu.*

15. — *Amendements.* — On appelle amendements tout ce qui corrige le sol en l'améliorant. Les principaux amendements sont l'argile, le sable, les calcaires : chaux, marne, faluns, etc.

16. — *Argile.* — Les amendements argileux s'emploient dans les terres sablonneuses et calcaires, qu'ils rendent plus compactes, moins légères, moins chaudes. Toutefois, les amendements argileux ne doivent être employés que dans les cas où les chemins sont bons, les lieux d'extraction peu éloignés, et la plus-value résultant du travail certaine et suffisante.

17. — *Sable.* — Les amendements sablonneux s'emploient dans les terres trop argileuses, qu'ils divisent, rendent plus perméables et moins froides.

18. — *Calcaires.* — Les amendements calcaires s'emploient dans les terres argileuses, qu'ils rendent plus chaudes, moins compactes, moins acides.

19. — *Chaux.* — La chaux a la propriété d'enlever l'acidité aux terrains tourbeux et de les rendre moins impropres à la culture.

20. — Avant d'employer la chaux, on l'entremêle de gazon, de terres, de feuilles ou autres débris végétaux ; on forme avec le tout des monceaux de un à deux mètres de hauteur qu'on brasse et qu'on répand lorsque la fermentation a décomposé les matières végétales.

21. — *Marne*. — La marne est une substance terreuse principalement composée de chaux et d'argile. La marne rend moins compactes les terres argileuses.

22. — *Faluns*. — Les faluns sont formés de débris de coquillages calcaires. Ils s'emploient, comme la chaux, dans les terres fortes.

Questionnaire.

15. — Qu'appelle-t-on amendements ? — Nommez les principaux.

16. — Dans quelles terres s'emploient les amendements argileux ? — A quelles conditions est-il avantageux d'employer les amendements argileux ?

17. — Dans quelles terres s'emploient les amendements sablonneux ?

18. — Dans quelles terres s'emploient les amendements calcaires ?

19. — Quelle est la propriété de la chaux dans les terrains tourbeux ?

20. — Comment emploie-t-on la chaux ?

21. — Qu'est-ce que la marne ? — Quel est son emploi ?

22. — Qu'est-ce que les faluns ? — Quel est leur emploi ?

Problèmes.

7. — On a employé 50 hectol. de chaux à l'hectare pour le chaulage de l'une des six soles d'une exploitation de 20 hectares 4 ares de terres labourables. Quelle somme a-t-il fallu dépenser, sachant que l'hectolitre de chaux se vend 1 fr. 45 ?

RÉP. : *Le chaulage d'une sole coûte 242 fr. 15.*

8. — La récolte moyenne de l'avoine, en France, a été, en 1891, de 25 hl. 01 à l'hectare. Dans l'exploitation où l'ensemencement a été précédé du chaulage de 40 hl. à

l'hectare on a récolté 50 hl. De combien, par hectare, a-t-on augmenté la valeur du rendement moyen, l'avoine se vendant 16 fr. 25 les cent kilog. ? L'hectol. d'avoine pèse en moyenne 46 kg. 79.

RÉP. : *La valeur du rendement moyen à l'hectare est de 190 fr. 08.*

9. — Un champ non plâtré a produit 450 bottes de trèfle pesant chacune 7 kg. 5. L'année suivante, il a été plâtré et a donné 4/5 en plus. Quel a été le bénéfice, si le foin est estimé 8 fr. 40 le quintal métrique ?

RÉP. : *Le bénéfice réalisé est de 226 fr. 80.*

4e LEÇON

—

Assainissement du sol.

Il n'y a point de profit sans peine.

23. — L'assainissement d'un terrain peut comprendre six opérations principales : le drainage, l'irrigation, le dessèchement, l'épierrement, l'installation et le bon entretien des chemins, l'extirpation des plantes nuisibles.

24. — *Drainage.* — Le drainage est une opération par laquelle on pratique des tranchées de quatre-vingts centimètres à un mètre, au fond desquelles on pose des drains ou tuyaux de terre cuite poreuse, ou des pierres concassées qui facilitent l'écoulement des eaux surabondantes. Ces exutoires débarrassent le sol des eaux superflues, qui asphyxient et font pourrir les racines des plantes.

25. — *Irrigation.* — L'irrigation consiste à tracer à la surface du sol des rigoles ou saignées au moyen desquelles

on utilise, pour l'arrosement des prés, l'eau d'une rivière, d'un ruisseau, d'un étang.

26. — *Desséchement.* — Le desséchement d'un terrain humide à l'excès s'obtient, soit par des rigoles superficielles, soit par le drainage, soit par le déboisement d'un terrain trop couvert, quelquefois par plusieurs de ces moyens réunis.

27. — *Épierrement.* — L'épierrement doit être pratiqué dans toutes les terres où les pierres gênent la culture ou la récolte des moissons. On enlève les pierres quelques jours après une pluie abondante qui les a lavées : elles sont alors plus apparentes et moins terreuses. On s'en sert avantageusement pour empierrer les chemins de la ferme.

28. — *Chemins.* — La confection et l'entretien des chemins ne facilitent pas seulement les transports ; ils contribuent aussi, pour une bonne part, à l'assainissement du sol, en nécessitant un nivellement de terrain et l'emploi de rigoles et de ponceaux qui favorisent l'écoulement des eaux.

29. — *Extirpation des plantes nuisibles.* — Les mauvaises herbes de toutes sortes, annuelles ou vivaces, doivent être soigneusement extirpées du sol. On s'y prend de différentes manières : défoncements, cultures sarclées ou étouffantes, sarclages réitérés, etc.

Questionnaire.

23. — Quelles sont les opérations principales que peut comprendre l'assainissement d'un terrain ?

24. — Qu'est-ce que le drainage ? — Quel est le but du drainage ?

25. — En quoi consiste l'irrigation ?

26. — A quels terrains faut-il appliquer le desséchement ? — Comment s'obtient le desséchement ?

27. — Dans quelles terres doit être pratiqué l'épierrement ? — Quand convient-il d'enlever les pierres ?

28. — Comment la confection et l'entretien des chemins
contribuent-ils à l'assainissement du sol ?

29. — Comment enlever les plantes nuisibles ?

Problèmes.

10. — On a une parcelle rectangulaire dont la longueur
est de 35 m. et la largeur de 18 m. Combien dépensera-
t-on pour la faire drainer, sachant qu'il faut 807 m. de
tuyaux pour drainer un hectare de ce terrain ; que le
mètre de tuyaux revient à 1 fr. 40 ; que chaque drain a
0 m. 33 de longueur et que l'on paye 4 fr. pour la pose de
100 drains ?

Rép. : *Le drainage de ce terrain coûtera 77 fr. 34.*

11. — Pour irriguer une certaine prairie on emploie
23 mètres cubes d'eau par heure. Combien dépensera-t-on
pour 15 jours d'irrigation, de 7 heures chacun, si l'on
paye par jour 1 fr. 80 l'ouvrier qui dirige ce travail ? On
donne un demi-centime du mc. d'eau au meunier qui
fournit la prise d'eau.

Rép. : *L'irrigation de cette prairie coûtera 39 fr. 075.*

12. — Il en a coûté 10 fr. 35 pour labourer un champ
rectangulaire de 80 m. de longueur et de 21 m. 50 de largeur. A combien, dans les mêmes conditions, reviendrait
le labour d'un hectare ?

Rép. : *Le labour d'un hectare reviendrait à 60 fr. 16.*

5ᵉ LEÇON

—

Engrais.

Le Ciel est le prix de la vertu.

30. — *Engrais.* — Les engrais sont des matières qu'on ajoute au sol pour remplacer les éléments nutritifs qu'il a perdus ; à la différence des amendements, les engrais ne modifient pas la composition du sol.

31. — Les engrais doivent renfermer les éléments que les plantes puisent dans le sol, tels que *l'azote, l'acide phosphorique, la potasse.* Ce sont ces éléments qui donnent aux engrais toute leur efficacité et toute leur valeur. Donc, plus un engrais en contient, plus il est riche et énergique.

32. — On distingue quatre principales sortes d'engrais : les engrais animaux, les engrais végétaux, les engrais mixtes et les engrais chimiques.

33. — *Engrais animaux.* — Les engrais animaux comprennent tous les débris, comme le sang, le poil, la corne, etc. ; les déjections : excréments, purin. Ce sont les plus énergiques et les plus efficaces, parce qu'ils sont riches en *azote* et en *acide phosphorique.*

34. — *Engrais végétaux.* — Les engrais végétaux se composent de plantes vertes que l'on enfouit dans le sol ; tels sont : le trèfle, le sarrasin, le colza, les vesces, les lupins. Ces engrais sont surtout efficaces dans les terres chaudes et sèches. Les marcs, les tourteaux sont des engrais végétaux secs. Les algues marines constituent également un excellent engrais.

35. — *Engrais mixtes.* — Le plus souvent les excréments des animaux sont mélangés à la litière ; ce sont alors des engrais mixtes. Mieux les animaux sont nourris, plus le fumier a de valeur.

36. — Les engrais mixtes se divisent en fumiers chauds et en fumiers froids.

37. — Le fumier de cheval et surtout celui de mouton sont des fumiers chauds ; ils conviennent particulièrement aux terres fortes et froides. — Les fumiers de bêtes à cornes et de porcs sont des fumiers froids ; ils s'emploient avantageusement dans les terres chaudes et légères.

38. — *Engrais chimiques.* — Les engrais chimiques sont des matières minérales préparées par l'industrie. On peut les diviser en engrais *azotés*, en engrais *phosphatés* et en engrais *potassiques*.

39. — L'un des meilleurs engrais chimiques et l'un des plus avantageux est le *phosphate fossile*, qui apporte au sol l'acide phosphorique, qui lui manque presque toujours pour obtenir de grands rendements. Il convient pour la culture du blé, de l'avoine, du blé noir. La dose à employer varie de six cents à douze cents kilogrammes à l'hectare.

Questionnaire.

30. — Qu'est-ce que les engrais ? — Quelle différence entre les engrais et les amendements ?

31. — Quels sont les éléments essentiels des engrais ?

32. — Combien distingue-t-on de sortes d'engrais ?

33. — Que comprennent les engrais animaux ? — D'où provient leur richesse ?

34. — De quoi se composent les engrais végétaux ?

35. — Qu'est-ce que les engrais mixtes ?

36. — Quelles sont les deux subdivisions des engrais mixtes ?

37. — Dans quelles terres s'emploient les fumiers chauds ? — Et les fumiers froids ?

38. — Qu'est-ce que les engrais chimiques ? — Quelles sont les principales sortes d'engrais chimiques ?

39. — Quels sont les avantages du phosphate fossile ?

Problèmes.

13. — Une prairie contenant 1 hectare 8 ares a rapporté, en première coupe, 33 quintaux de foin ; l'année suivante, après l'arrosage au purin, elle a rapporté 4 500 kg. On demande l'augmentation du revenu par hectare, sachant que le fourrage se vend 30 fr. les 500 kg.

RÉP. : *L'augmentation est de 66 fr. 67 par hectare.*

14. — Quelle réfaction ou diminution de prix devront subir 800 kg. de phosphate des Ardennes à 5 fr. 40 les cent kilog., avec la garantie, sur facture, de 18 0/0, sachant qu'à l'analyse chimique on n'a trouvé que 14 0/0 ?

RÉP. : *La diminution demandée sera de 9 fr. 60.*

15. — Un champ de luzerne non plâtré fournit annuellement 4 100 kg. de luzerne par hectare. Après avoir répandu sur ce champ 7 hl. 80 de plâtre à 3 fr. 50 l'hl., la production a été de 5 400 kg. Quel est le gain réalisé, sachant que le champ a 140 m. de long sur 90 m. de large et que le foin se vend 5 fr. 90 le quintal ?

RÉP. : *Le bénéfice réalisé est de 69 fr. 34.*

6ᵉ LEÇON

—

Soins à donner au fumier.

Ne remettez jamais à demain ce que vous pouvez faire aujourd'hui.

40. — Le fumier est le plus commun et le meilleur de tous les engrais : c'est l'un des éléments de la richesse du fermier. Aussi le cultivateur intelligent donne-t-il des

soins particuliers à la production et à la conservation de ce produit.

41. — Il recueille avec diligence le purin ou jus des étables et du fumier. Après l'avoir étendu d'eau il en arrose les prairies et les diverses cultures, auxquelles cet engrais communique une vigueur merveilleuse.

42. Au lieu de laisser son fumier se dessécher, sous le soleil ou aigrir dans une cour fangeuse, il le dispose en tas régulier. Il l'installe sur une aire plane et imperméable et l'entoure d'une rigole destinée à recevoir le purin qui, par ce moyen, s'écoule dans une fosse spéciale, dite fosse à purin. Les fermiers les plus avisés placent leur tas de fumier sous un hangar, où il n'est ni lavé par les pluies ni rissolé par le soleil.

43. — Le tas de fumier et la fosse à purin doivent être aussi éloignés que possible du puits de la ferme, ainsi que de la mare où le bétail s'abreuve. Il est bien constaté, en effet, que la cause ordinaire de certaines maladies épidémiques : fièvre typhoïde, muqueuse, etc., est due à l'infiltration des matières organiques dans les eaux qui servent à la boisson.

44. — Lorsque le tas de fumier est entré en fermentation, on a soin de le tasser, afin que la dessiccation ne soit pas trop rapide et n'occasionne pas de moisissures. Durant les chaleurs de l'été, on l'arrose avec du purin pour l'empêcher de se dessécher. Il faut éviter de déposer le fumier dans une fosse où sa base baigne dans l'eau.

45. — Il importe d'épandre et d'enfouir le fumier le plus tôt possible après son transport dans les champs, afin d'empêcher les gaz fécondants de s'évaporer en pure perte.

Questionnaire.

40. — Quel est le plus commun et le meilleur des engrais ?

41. — Comment employer le purin ?

42. — Quels soins donner au fumier ? — Comment installer le tas de fumier ?

43. — Pourquoi faut-il placer le tas de fumier loin des puits et des mares ?

44. — Que faire lorsque le fumier est entré en fermentation ?

45. — Pourquoi faut-il enfouir promptement le fumier ?

Problèmes.

16. — Un excellent fumier contient 2,5 p. 1000 d'azote immédiatement assimilable, et un tourteau 5 pour 100. On demande combien il faudra employer de kg. de fumier pour avoir l'équivalent approximatif de 800 kg. de tourteau.

Rép. : *16000 kg. de fumier donneront autant d'azote que 800 kg. de tourteau.*

17. — Le sulfate de fer peut être employé à la dose de 25 kg. par mètre cube pour désinfecter les fosses d'aisances. Quelle dépense faire pour désinfecter une fosse de 2 mc. 56 ? On sait que le sulfate de fer se vend 6 fr. 75 les 100 kg.

Rép. : *La dépense sera de 4 fr. 32.*

18. — Les déjections liquides d'un cheval qui pèse 450 kg. sont, en moyenne, pendant 24 h., de 4 kg. 500, contenant 15 pour 1000 d'azote. Quelle surface de terrain pourrait ensemencer en blé, à raison de 50 kg. d'azote par hectare, un cultivateur qui laisse perdre la moitié du purin que fournit annuellement son cheval ?

Rép. : *Ce cultivateur pourrait ensemencer 24 ares 64.*

7ᵉ LEÇON

Stimulants.

L'activité est la mère de la prospérité.

46. — *Stimulants.* — Les stimulants sont des engrais énergiques, riches en matières assimilables, comme certains *azotates*, les *phosphates*. Ils activent la végétation, parce qu'ils sont faciles à décomposer. — Quelques-uns agissent aussi comme amendements ; en général ils ne s'emploient qu'à petite dose à cause de leur grande énergie.

47. — On les répand, le plus souvent, au printemps, sur des cultures amaigries et épuisées par les rigueurs de l'hiver ou par des pluies excessives.

48. — Les principaux stimulants sont : le *plâtre*, le *noir animal*, le *guano*, le *sang*, les *os broyés*, la *poudrette*, l'*engrais flamand*, les *tourteaux*, la *suie*, les *cendres* lessivées ou non lessivées.

49. — *Plâtre.* — Le plâtre ou sulfate de chaux doit être appliqué en couverture sur les feuilles des plantes de la famille des légumineuses : trèfle, luzerne, etc. On l'emploie cuit ou non cuit, en poudre fine.

50. — *Noir animal.* — Le noir animal s'obtient en broyant des os calcinés. Celui qu'on emploie en agriculture provient des raffineries ; souvent il est falsifié par l'addition de matières tourbeuses ; il est donc nécessaire de le faire analyser au moment de la livraison.

51. — *Guano.* — Le guano est une substance produite par l'accumulation des excréments d'oiseaux de mer.

52. — *Sang.* — Le sang recueilli dans les boucheries, et desséché, constitue l'un des engrais les plus énergiques.

53. — *Os broyés.* — Les os broyés, comme tous les débris d'animaux, sont des stimulants de première valeur qui produisent leur effet pendant plusieurs années.

54. — *Poudrette*. — La poudrette est un engrais formé de déjections humaines séchées à l'air libre. Cet engrais doit être employé peu de jours avant les semailles, et le plus souvent en même temps : on s'en sert avantageusement dans la culture des céréales et des crucifères.

55. — *Engrais flamand*. — L'engrais flamand ou courte graisse n'est autre chose que l'ensemble des déjections humaines solides et liquides. Ce stimulant, répandu au printemps ou à l'été, produit beaucoup d'effet sur les terrains secs et légers.

56. — *Tourteaux*. — On appelle tourteaux le résidu obtenu dans la fabrication de l'huile ; tels sont les tourteaux de colza, de lin, d'œillette, etc.

57. — *Suie. Cendres*. — La suie et les cendres donnent aussi une grande activité à la végétation.

Questionnaire.

46. — Qu'est-ce que les stimulants ?

47. — Comment emploie-t-on les stimulants ?

48. — Nommez les principaux stimulants.

49. — Quel est l'effet du plâtre ? — A quelles plantes convient-il principalement ?

50. — Comment s'obtient le noir animal ? — Par quoi est-il souvent falsifié ?

51. — Qu'est-ce que le guano ?

52. — Pourrait-on employer le sang comme engrais ?

53. — Les os sont-ils utilisables en agriculture.

54. — Qu'est-ce que la poudrette ?

55. — Qu'est-ce que l'engrais flamand ?

56. — Qu'appelle-t-on tourteaux ?

57. — Que produisent la suie et les cendres ?

Problèmes.

19. — Un cultivateur emploie 2 600 kg. de poudrette à l'hectare en ensemençant son blé. Quelle quantité d'azote donne-t-il au sol par hectare et pour quelle somme, sa-

chant que cette poudrette dose 1,70 p. 0/0 d'azote et coûte 7 fr. 50 les 100 kg. ?

RÉP. : 1° *Ce cultivateur donne 44 kg. 200 d'azote par hectare ; 2° il dépense 195 fr.*

20. — Le noir animal s'emploie généralement sur les terrains de landes à la dose de 950 kg. à l'hectare. Qu'en coûtera-t-il à un cultivateur qui l'emploie sur 1 ha. 25 ares de son exploitation, sachant que les 100 kg. se vendent 13 fr. 50 ?

RÉP. : *La dépense sera de 160 fr. 31.*

21. — L'engrais flamand de bonne qualité a pour densité 1 031 et donne en moyenne 9 kg. d'azote, 3 kg. d'acide phosphorique et 2 kg. de potasse par 1 000 kg. Calculer la quantité d'azote, d'acide phosphorique et de potasse contenue dans 1 mc. d'engrais flamand.

RÉP. : *Le mc. d'engrais flamand contient 9 kg. 279 d'azote, 3 kg. 093 d'acide phosphorique, 2 kg. 062 de potasse.*

8ᵉ LEÇON

—

Labours. — Défoncements.

Dieu ne refuse rien au travail.

58. — *Labours.* — On distingue, quant à la profondeur, trois sortes de labours : le labour *superficiel*, qui ne dépasse guère dix centimètres ; le labour *moyen*, profond de quinze à vingt centimètres ; enfin le labour *profond*, qui atteint vingt centimètres et plus, quand la couche arable le permet.

59. — Au point de vue de la disposition, on distingue également trois sortes de labours : le *labour à plat*, le *labour en planches* et le *labour en billons*.

60. — Pour faire un bon labour, il est nécessaire d'avoir une bonne charrue. L'araire perfectionnée de Dombasle est une des plus parfaites et des plus commodes.

61. — Les conditions d'un bon labour sont les deux

suivantes : 1° la bande de terre doit être détachée parallèlement à la surface du sol et verticalement, de façon à former un angle droit avec le côté non labouré ; 2° cette bande doit être déposée sur le côté, afin de présenter une arête à la herse, qui la divisera plus facilement. — Les labours à plat sont les plus parfaits, mais ils ne sont guère praticables que dans les terrains secs. Le labour en planches peut être exécuté avec succès presque dans toute espèce de terres.

62. — Les petits billons, composés de quatre ou cinq bandes, ont l'inconvénient de laisser au milieu une bande de terre non labourée. En outre, la majeure partie de la terre labourable se trouve accumulée sur le haut du billon, et le fond des raies est dégarni de toute terre végétale.

63. — *Défoncements*. — Les défoncements se font avec une charrue d'un genre spécial, appelée fouilleuse, ou bien on les exécute à la bêche ou à la pioche.

64. — Les défoncements sont la base de toute amélioration culturale sérieuse. Ils augmentent la profondeur de la couche de terre végétale et mettent les récoltes en mesure de mieux résister aux sécheresses comme aux pluies excessives. Il convient de les faire au commencement de l'hiver dans les terres qui doivent porter des plantes sarclées. Les défoncements doivent être exécutés progressivement et suivant la quantité d'engrais dont on dispose.

Questionnaire.

58. — Combien distingue-t-on de sortes de labours au point de vue de la profondeur ?

59. — Combien d'espèces de labours au point de vue de la disposition ?

60. — Quelle est la meilleure charrue ?

61. — Quelles sont les conditions d'un bon labour ?

62. — Quels sont les inconvénients du labour en petits billons ?

63. — Avec quel instrument se font les défoncements ?

64. — Quels sont les avantages des défoncements ? — Quand convient-il de les faire ?

Problèmes.

22. — Que coûte le *défoncement* d'un hectare de terre, sachant que 30 ares sont défoncés en une journée de travail par trois hommes et six chevaux, la journée de travail d'un homme étant de 1 fr. 50, celle d'un cheval 3 fr. 50?

RÉP. — *Le défoncement d'un hectare revient à 85 fr.*

23. — Deux hommes et deux chevaux *labourent* 45 ares en un jour. La journée d'un homme étant estimée 1 fr. 50 et celle d'un cheval 3 fr. 50, quelle étendue de terrain pourra-t-on faire labourer pour une somme de 45 francs ?

RÉP. — *Pour 45 francs on pourra faire labourer 2 hect. 2 ares, 5 dec.*

24. — On demande quel temps il faudra à un homme et à deux chevaux pour le *hersage* d'un champ rectangulaire de 80 mètres de long sur 62 m. 50 de large, sachant que dans les mêmes conditions on peut faire herser un hectare en un jour.

RÉP. — *Il faudra une demi-journée pour herser ce champ.*

9ᵉ LEÇON

Assolements.

A l'œuvre on connaît l'artisan.

65. — L'assolement est l'art de faire alterner les différentes cultures dans une terre, de façon à ne pas l'épuiser.

66. — Pour se faire une idée exacte de cette opération,

il faut savoir que les plantes culturales se divisent en deux classes, les plantes épuisantes et les plantes améliorantes. A la première catégorie appartiennent les céréales, et en général les plantes qui mûrissent sur le sol ; à la seconde, les plantes sarclées : rutabagas, choux, carottes, pommes de terre, betteraves ; et les légumineuses : trèfle, luzerne, sainfoin. Sans doute, toutes les plantes sont épuisantes, mais les unes le sont beaucoup plus que les autres, c'est-à-dire qu'elles enlèvent au sol une plus grande quantité de matières nutritives.

67. — Il faut donc partager les terres d'une ferme en plusieurs portions, destinées à porter alternativement les différentes cultures en usage.

68. — L'art des assolements est basé sur trois règles bien précisés : 1° remplacer les plantes qui favorisent le développement des mauvaises herbes par d'autres plantes dites étouffantes, ou qui permettent des labours fréquents ; 2° faire succéder une plante à racines profondes à une plante à racines courtes, de manière à saisir les principes nutritifs dans les différentes couches du sol ; 3° remplacer une plante qui prend au sol certains éléments par une autre qui s'approprie des éléments différents.

69. — Rejetons le préjugé qui consiste à croire que la terre a besoin de repos : une terre, où l'assolement est pratiqué avec intelligence, se repose en produisant et permet la suppression de la jachère.

70. — Un assolement se désigne par le nombre d'années qui s'écoulent entre deux cultures de la même plante dans le même terrain.

71. — L'assolement quadriennal a le défaut de faire revenir trop souvent les mêmes plantes sur le même terrain. A ce point de vue, l'assolement de six ans est bien préférable. Ce dernier a, en outre, l'avantage de mieux répartir les travaux agricoles, ce qui permet, chose capitale en agriculture, de faire chaque chose en bonne saison.

Questionnaire.

65. — Qu'entend-on par assolement?

66. — Comment se divisent les plantes culturales, au point de vue de l'assolement?

67. — Comment partager les terres d'une ferme?

68. — Quelle est la première règle à suivre pour les assolements? — Quelle est la seconde? — Quelle est la troisième?

69. — Comment supprimer la jachère?

70. — Comment se désigne un assolement?

71. — Quel est l'assolement préférable? — Pourquoi?

Problèmes.

25. — Dans la première année de l'assolement sexennal adopté par un fermier, on emploie du fumier de ferme à raison de 40 000 kg. à l'hectare. Le mc. de ce fumier étant estimé 5 fr. et pesant 800 kg., quelle somme représente le fumier employé dans la sole de 3 hect. 34 ares?

Rép. : *Le fumier employé représente une valeur de 835 fr.*

26. — La deuxième année de l'assolement sexennal, on sème de l'avoine de printemps ; cet ensemencement est précédé d'un chaulage de 30 hl. à l'hectare à raison de 1 fr. 60 l'hectol. : que coûte ce chaulage pour les 3 ha. 34 a. de la sole?

Rép. : *Le chaulage coûte 160 fr. 32.*

27. — La quatrième année d'un assolement sexennal, on emploie à l'hectare 800 kg. de phosphate des Ardennes, à 6 fr. 10 les 100 kg. On a récolté par hectare une moyenne de 35 hl. 4 de froment à 18 fr. 50 l'hectol. Que reste-t-il pour le bénéfice et les frais de labour, de récolte et de fermage?

Rép. : *Il reste 606 fr. 10 par hectare.*

10ᵉ LEÇON

Les divers instruments de labour.

*Jamais mauvais ouvrier,
n'a trouvé bon outil.*

72. — Depuis un certain nombre d'années, l'outillage agricole a subi de nombreux perfectionnements qui l'ont presque totalement transformé.

73. — Ainsi, à la place de l'ancienne charrue en bois, nous avons une grande variété de charrues en fer, dont l'une des plus parfaites est l'araire Dombasle.

74. — Au fléau si pénible à manier, a succédé, presque partout, la machine à battre. Dans les grandes exploitations, la moissonneuse a remplacé la lente faucille ; la faucheuse a été substituée à la faux traditionnelle ; le râteau à cheval a pris la place du râteau en bois.

75. — La houe à cheval, le buttoir, l'extirpateur tendent à remplacer les sarcleuses et la houe à main.

76. — Tous ces instruments font d'excellente besogne et accélèrent considérablement le travail ; ils fournissent le moyen, lorsque la saison est mauvaise, de rentrer les récoltes dans de bonnes conditions.

77. — Nous ajouterons à cette énumération l'indication d'un certain nombre d'autres machines ou outils d'une très grande utilité, tels que pressoirs et concasseurs perfectionnés, hache-paille, coupe-racines, coupe-ajoncs, etc.

78. — Une ferme bien tenue doit viser à introduire ces divers instruments, qui joignent à la rapidité la perfection du travail.

72. — Quelle remarque faites-vous relativement à l'outillage agricole ?

73. — Quel instrument remplace l'ancienne charrue en bois ?

74. — Par quels instruments a-t-on remplacé presque partout le fléau, la faucille, la faux ?

75. — Que remplacent la houe à cheval, le buttoir, l'extirpateur ?

76. — Quels sont les principaux avantages des instruments aratoires perfectionnés ?

77. — Quels sont les machines ou outils de grande utilité.

78. — Que doit-on faire, dans une ferme bien tenue, relativement à l'introduction des instruments perfectionnés ?

Problèmes.

28. — Un propriétaire a un champ de 6 hectares 25 a. Ce champ lui a rapporté 21 hl. de blé par hectare : il a vendu ce blé 24 fr. l'hl. Combien a-t-il de bénéfice net, si les frais de culture se sont élevés a ? 2/5 de la valeur du blé ?

RÉP. : *Son bénéfice est de : 890 fr.*

29. — On récolte en moyenne 24 768 kg. de betteraves fourragères par hectare. Quelle sera la valeur de la récolte obtenue sur un champ ayant la forme d'un triangle rectangle dont les côtés de l'angle droit ont 43 m. 50 et 237 m. ? On vend le quintal de betteraves 2 fr. 01.

RÉP. : *La valeur de la récolte sera de 256 fr. 62.*

30. — Une gerbe de blé produisant, en moyenne, 15 litres de grains et 12 kg. de paille, quelle est la valeur d'une récolte de 550 gerbes, si le blé vaut 22 fr. l'hectol. et la paille 2 fr. 50 le quintal ?

RÉP. : *La valeur de la récolte est de 1980 fr.*

11ᵉ LEÇON

—

Généralités sur les plantes.

Le travail a des racines amères,
mais des fruits bien doux.

79. — Une plante est un être vivant, qui n'a ni la faculté de se mouvoir ni celle de sentir. Elle se compose, en général, de trois parties principales : la racine, la tige et les feuilles.

80. — *Racine.* — La racine est la partie souterraine de la plante ; elle sert à maintenir, et surtout à nourrir la plante par les aliments qu'elle puise dans le sol. On distingue trois sortes de racines : les pivotantes, les fibreuses et les tubériformes.

81. — *Tige.* — La tige est la partie de la plante qui sert de support aux feuilles, aux fleurs et aux fruits. Dans bon nombre de plantes la tige se subdivise en rameaux.

82. — *Feuilles.* — Les feuilles servent non seulement à l'ornement de la plante, mais elles complètent sa nutrition par les éléments qu'elles puisent dans l'air. C'est aussi par les feuilles que les végétaux respirent.

83. — Les fleurs complètes se composent de quatre parties : le calice, la corolle, les étamines et le pistil.

84. — Le développement du pistil produit le fruit dans lequel se trouve la graine.

85. — L'air, la lumière, la chaleur et l'humidité sont nécessaires à la germination et au développement des plantes.

Questionnaire.

79. — Qu'est-ce qu'une plante ?

80. — Qu'est-ce que la racine ? — Quelle est sa fonction ? — Combien y a-t-il de sortes de racines ?

81. — Qu'est-ce que la tige ?

82. — Quel est le rôle des feuilles ?

83. — Nommez les quatre parties d'une fleur.

84. — Quelle est la partie de la fleur qui donne naissance au fruit ?

85. — Que faut-il pour la germination et le développement des plantes ?

Problèmes.

31. — Le sarrasin a rapporté en 1891, en France, une moyenne de 16 hl. 51 à l'hect. ; quelle est l'étendue du terrain employé à cette culture, sachant que la récolte totale a été de 10 303 000 hectol ? Quelle somme représente cette récolte, l'hectol. de sarrasin se vendant 8 fr. 75 ?

RÉP. : *1° L'étendue de terrain est de 624 046 hect. ; 2° cette récolte représente une somme de 90 151 250 fr.*

32 — Quel a été le prix moyen de l'hectol. d'avoine, sachant que la récolte moyenne de 1891 a été de 106 134 000 hectol. représentant une valeur de 915 942 000 f. ?

RÉP. : *Le prix moyen de l'hectol. d'avoine est de 8 fr. 63.*

33. — Pour entourer un jardin on emploie un treillage en bois de châtaignier estimé 0 fr. 80 le mètre courant. Quelle somme faudra-t-il pour cet achat, sachant que ce jardin a 62 m. 45 de long sur 39 m. 50 de large ?

RÉP. : *Il faudra une somme de 163 fr. 12.*

12ᵉ LEÇON

Céréales. — Semailles.

Chacun récoltera dans la vieillesse ce qu'il aura semé dans la jeunesse.

83. — Les céréales sont des plantes herbacées de la famille des graminées ; leurs graines servent de base à la nourriture de l'homme et de certains animaux domes-

tiques. Les principales sont : le froment, le seigle, l'orge, l'avoine, le maïs.

87. — *Froment*. — La plus importante est le froment, qui se sème de la mi-octobre à la mi-novembre, ou à la fin de l'hiver.

Il aime une terre argileuse bien préparée et riche en humus. Les eaux stagnantes sont funestes à cette plante précieuse ; elles asphyxient ses racines et les font périr. On sème le froment au semoir ou à la volée.

Le semoir économise un tiers de la semence, la répartit plus également et l'enterre à la profondeur convenable, à l'abri des ravages des corbeaux et autres oiseaux.

88. — *Seigle*. — Le seigle se sème en octobre. Il réussit dans les terres pauvres et sèches, dans les landes récemment défrichées où le froment ne viendrait pas.

89. — *Orge*. — L'orge aime une terre légère, bien meuble et riche en humus Elle veut des fumiers consommés, faciles à décomposer. Les terres froides ne lui conviennent guère. L'orge de printemps se sème en avril, l'orge d'hiver à la fin de septembre.

90. — *Avoine*. — L'avoine est peu délicate sur les qualités du sol. Elle réussit bien sur les prairies naturelles ou artificielles rompues par un seul labour. On sème l'avoine d'hiver à la fin de septembre, et celle de printemps à la fin de février.

91. — *Maïs*. — Le maïs ne se cultive guère dans nos contrées que comme plante fourragère ; alors on le sème dans la seconde quinzaine de mai et dans une terre bien meuble et bien engraissée.

92. — Le froment, le seigle, l'orge et l'avoine se sèment à raison d'environ deux hectolitres à l'hectare pour les semailles d'automne. Au printemps, on sème de deux hectolitres et demi à trois. — Pour le maïs, vingt kilogrammes suffisent.

Questionnaire.

86. — Qu'entend-on par céréales ? — Nommez les principales céréales.

87. — A quelle époque se sème le froment ? — Quelle terre préfère le froment ? — Quels sont les principaux avantages du semoir ?

88. — Quel est le sol préféré par le seigle ? — Quand se sème-t-il ?

89. — Quelle terre est préférable pour la culture de l'orge ? — Quand se sème l'orge ?

90. — Qu'avez-vous à dire sur la culture de l'avoine ?

91. — Quelle terre convient pour la culture du maïs ?

92. — Quelle quantité de semence employer à l'hectare ?

Problèmes.

34. — Dans une parcelle rectangulaire de 90 m. de long sur 35 m. de large on a fait une récolte moyenne de 13 h. 49 de froment à l'hectare. Quelle quantité de blé a-t-on récoltée en poids et en volume, sachant que l'hectol. pèse en moyenne 75 kg. 71 ?

Rép. : *On a récolté 4 hl. 25 du poids de 321 kg. 718.*

35. — Un fermier cultive de l'avoine valant en moyenne 8 fr. 63 l'hectol. et de l'orge qui vaut 11 fr. 45 l'hectol. Laquelle des deux cultures lui rapporte davantage et combien de plus par hectare, sachant que le rendement moyen de l'hectare d'avoine est de 25 hl. 01 et celui de l'orge 20 hl. 78 ?

Rép. : *L'orge rapporte par hectare 22 fr. 09 de plus que l'avoine.*

36. — En employant le semoir pour les travaux des semailles il faut environ 1 hectol. 50 à l'hectare, tandis qu'à

la volée il faut 1/3 en plus de semence. Quelle est l'écomie réalisée pour un terrain de 1 ha. 75 ares, le blé de semence coûtant 48 f. 50 les 100 kg. et l'hl. de ce blé pesant 80 kg. ?

RÉP. : *L'économie réalisée est de 33 fr. 95.*

13e LEÇON

—

Soins à donner aux céréales. — Maladies à combattre.

Ne dissipez pas le temps,
la vie en est faite.

93. — Les semailles étant terminées, il importe de pratiquer, dans les terres humides, des rigoles dans le sens de la pente du terrain, pour faciliter l'écoulement des eaux superflues.

94. — Dans le but d'activer la végétation des céréales, il faut, dans le courant de février ou de mars, par un beau temps, rhabiller les terres, c'est-à-dire les herser ou les rouler.

95. — Si les blés sont jaunes, peu vigoureux, on leur applique du nitrate de soude en couverture, ou tout autre engrais azoté, rapidement assimilable ; si, au contraire, le blé est trop vigoureux, s'il menace de verser, on emploie le phosphate de chaux.

96. — En mai et juin, on sarcle les blés afin de les débarrasser des herbes nuisibles.

97. — Les céréales sont sujettes à diverses maladies dont les principales sont la carie et le charbon ; ces maladies diminuent considérablement la récolte et donnent mauvais goût au pain.

98. — La carie et le charbon se combattent, avec succès, par le chaulage ou le sulfatage. Cette opération
consiste à faire tremper la semence de blé dans un lait
de chaux, ou mieux dans une dissolution de sulfate de
cuivre.

99. — Il est une autre maladie, qui attaque les feuilles
des graminées et leur donne une couleur rougeâtre :
c'est la *rouille* ; on prévient cette maladie, en éloignant
l'épine-vinette des champs de blé.

100. — Enfin, le seigle est parfois atteint de l'*ergot*. Le
seigle ergoté est un violent poison. On le reconnaît à ce
que les grains malades ont une forme allongée et sont
de couleur brun foncé. Il est bon de trier les épis con-
taminés et de les brûler.

Questionnaire.

93. — Que faire dans les terres humides lorsque les
semailles sont terminées ?

94. — Comment en février ou mars activer la végétation des céréales ?

95. — Comment remédier au manque de vigueur des
blés ? — Comment empêcher le blé de verser ?

96. — Quand se fait le sarclage des blés ?

97. — Nommez les principales maladies du blé.

98. — Comment combattre la carie et le charbon ?

99. — Quelle est l'influence de l'épine-vinette sur les
feuilles des graminées ?

100. — Comment reconnaît-on le seigle ergoté ?

Problèmes.

37. — Pour sulfater un hectolitre de blé de semence,
on fait dissoudre 250 gr. de sulfate de cuivre ou coupe-
rose bleue dans 5 litres d'eau. Quelle quantité de sulfate
et d'eau faudrait-il pour préparer le grain nécessaire à

l'ensemencement de 3 hectares 34 ares à raison d'un hectolitre et demi par hectare?

Rép. : *Il faudra 1 kg. 252 g. 5 de sulfate et 25 l. 05 d'eau.*

38. — Quelle somme dépensera-t-on pour donner de la vigueur à des blés ensemencés sur 3 hect. 34 ares, sachant qu'on emploie 100 kg. de nitrate de soude par hectare et que les 100 kg. reviennent à 28 fr.?

Rép. : *On dépensera 93 fr. 52.*

39. — Pour empêcher le blé trop vigoureux de verser, on le recouvre de 200 kg. de superphosphate de chaux à l'hectare. Quelle dépense cette opération occasionnera-t-elle sur une sole de 3 hectares 34 ares sachant que le superphosphate dosant 14/15 p. 0/0 se vend 9 fr. 80 les 100 kg.

Rép. : *La dépense est de 65 fr. 46.*

14e LEÇON

—

Récolte des céréales.

L'oisiveté, comme la rouille,
use plus que le travail.

101. — La récolte des blés se fait à la fin de juillet et au commencement d'août. On coupe le froment lorsque les épis sont jaune doré, et les grains durs comme de la cire. Toutefois, le blé destiné à servir de semence doit être bien mûr.

102. — Lorsque le temps n'est pas sûr, il est prudent de mettre, chaque soir, en moyettes, le blé coupé dans la journée. Le grain en moyettes est en sûreté ; il achève de mûrir et gagne en qualité.

103. — Le seigle et l'avoine sont mûrs quelque peu avant le froment.

104. — Il y a différentes manières de couper le blé ; on y emploie la moissonneuse, la sape ou la faucille. Le premier mode n'est praticable qu'avec un labour en planches ou à plat ; avec la moissonneuse un homme et deux chevaux font quatre à cinq hectares par jour.

105. — Le blé étant coupé, on le lie en gerbes ou bottes d'une circonférence d'environ un mètre. On le rentre par un beau temps dans la grange, ou bien on le met en meules.

106. — Le blé se bat ensuite à la machine ou au fléau ; ce dernier mode n'est plus usité que dans les toutes petites fermes. La machine à battre est mue par la vapeur ou par des chevaux.

107. — Quand les céréales n'ont pas été battues à la machine vanneuse, on les nettoie au moyen d'un instrument nommé tarare, puis on les monte au grenier. Le blé y est souvent attaqué par un petit coléoptère, le charançon du blé, qui occasionne de grands ravages. Le meilleur moyen de se débarrasser de cet ennemi, c'est de tenir les greniers très propres, de remuer souvent le grain à la pelle, ou même de le repasser au tarare.

108. — Au fur et à mesure qu'on bat les céréales, on recueille la paille, que l'on met en meules ou en tas de différentes formes, suivant les pays. L'essentiel, c'est que les meules soient construites de façon à être imperméables.

Questionnaire.

101. — A quelle époque se fait, en Bretagne, la récolte des blés ? — Qu'y a-t-il à observer pour le blé destiné à servir de semence ?

102. — Quels sont les avantages des moyettes ?

103. — L'avoine et le seigle murissent plus tôt ou plus tard que le froment?

104. — Quelles sont les différentes manières de couper le blé?

105. — Comment traite-t-on le blé après l'avoir coupé?

106. — Comment se bat le blé?

107. — A quoi sert le tarare? — Qu'est-ce que le charançon du blé? — Comment s'en débarrasser?

108. — A quoi faut-il veiller dans la confection des meules ou tas de paille?

Problèmes.

40. — La troisième année de l'assolement sexennal on a récolté 37 840 kg. de trèfle violet à l'hectare; la 4ᵉ année le froment d'hiver a donné 35 hectol. 4 litres à l'hectare. Quelle est la valeur totale de la récolte de ces deux années, le trèfle valant 9 fr. 50 les 500 kg. et le froment 18 fr. 50 l'hectolitre? La sole est de 3 hectares 34 ares.

Rép. : *La valeur totale de la récolte de ces deux années est de 4 566 fr. 45.*

41. — La cinquième année de l'assolement sexennal on a cultivé de l'avoine d'hiver qui a fourni un rendement moyen de 56 hl. 40 à l'hectare; à raison de 8 fr. 50 l'hectol., que vaut cette récolte, la sole étant de 3 ha. 34 ares?

Rép. : *La récolte de cette 5ᵉ année vaut 1 601 fr. 20.*

42. — La production de 1 kg. de blé enlève au sol 8 gr. 2 d'acide phosphorique, et la production de 1 kg. de paille en enlève 2 gr. 3. Dire quel poids total d'acide phosphorique est enlevé dans 1 hectare cultivé en blé où l'on a récolté 25 hectol. 3 de grain et 4 728 kg. 7 de paille. On suppose que l'hectol. de grain pèse 76 kg. 3.

Rép. : *Le poids total de l'acide phosphorique est de 26 kg. 705 gr. 208.*

15ᵉ LEÇON

—

Culture du sarrasin ou blé noir.

La paresse rend tout difficile.

109. — Le sarrasin ou blé noir est cultivé dans la partie centrale de la France, des côtes de Bretagne aux confins du Jura ; c'est une plante qui, sans faire partie de la grande famille des graminées, a néanmoins, par sa graine, quelque analogie avec le blé.

110. — Le sarrasin a le grand mérite de croître avec une excessive rapidité, mais il est délicat et sensible à la gelée ; toutefois la variété gris argenté ou améliorée est la plus résistante.

111. — Cette plante réussit bien dans les terres légères et parfaitement meubles. Elle est très précieuse, sous les climats qui lui sont favorables, à cause de la rapidité de sa croissance et de sa grande puissance d'absorption ; elle croît même dans les terres pauvres, et elle complète, en culture dérobée, l'utilisation des terres riches.

112. — On sème le blé noir, vers la fin de mai ou dans les premiers jours de juin, à raison de cinquante à soixante litres par hectare.

113. — On récolte le blé noir trois mois après l'avoir semé, ordinairement dans le courant de septembre. La maturité du grain est souvent très inégale ; c'est pourquoi la récolte ne doit se faire que lorsque les grains sont noirs, en majeure partie.

114. — Le sarrasin se coupe à la faux ou à la faucille ; on le met en moyettes, et on ne le ramasse que lorsque la paille, qui est très grasse, est suffisamment sèche. On le

bat soit à la machine soit au fléau, puis on le nettoie au tarare.

115. — La graine du sarrasin s'échauffe facilement; il faut avoir soin de la tenir bien au sec, et de la remuer fréquemment afin de l'aérer.

116. — Dans les campagnes bretonnes, la farine de blé noir est employée comme aliment sous forme de crêpes, galettes et bouillie.

117. — Le sarrasin est aussi une excellente nourriture pour les porcs et les volailles.

118. — La paille de sarrasin contient beaucoup de potasse, se décompose facilement et forme un très bon engrais, principalement pour les pommes de terre.

Questionnaire.

109. — En France, où cultive-t-on le sarrasin ?

110. — Quelles observations faites-vous sur la culture du sarrasin ?

111. — Quelles sont les conséquences de la croissance rapide du blé noir et de sa grande puissance d'absorption ?

112. — Quand se sème le blé noir ?

113. — Quand récolte-t-on le blé noir ?

114. — Comment se récolte le blé noir ?

115. — Quelles précautions prendre pour empêcher le sarrasin de s'échauffer ?

116. — Quel est l'emploi de la farine de blé noir ?

117. — Quel est l'emploi du blé noir en grains ?

118. — Quelle remarque faites-vous sur la paille de sarrasin ?

Problèmes.

43. — La 6ᵉ et dernière année d'un assolement sexennal on cultive en récoltes dérobées 1 hectare 20 en seigle-fourrage, 80 ares en navette d'hiver, et le reste de la sole en trèfle incarnat qui lui-même est remplacé par du maïs.

— La sole étant de 3 hectares 34 ares, quelle quantité de seigle, de navette et de trèfle a-t-on récoltée à l'hectare, sachant qu'on a obtenu 6 700 kg. de navette d'hiver, 18 000 kilogrammes de seigle-fourrage et 27 200 kilog. de trèfle incarnat?

RÉP. : *Rendement à l'hectare : seigle 15 000 kg.; navette 8 375 kg.; trèfle 20 298 kg.*

44. — Le blé noir est ensemencé à la suite des récoltes dérobées — seigle-fourrage, navette d'hiver et trèfle incarnat —, sur une surface de 3 hectares 13; qu'a-t-on obtenu à l'hectare, sachant que la récolte totale a été de 92 hl. 50 ?

RÉP. : *Le rendement du blé noir à l'hectare a été de 29 hl 55.*

45. — D'après la statistique du Ministère de l'agriculture pour l'année 1891, on a cultivé le sarrasin sur une superficie de 624 046 hectares ; la production totale a été de 10 303 000 hectolitres. Quel est le rendement moyen du sarrasin par hectare en poids et en volume, sachant que le poids moyen de l'hectolitre de blé noir est de 65 kilogr. 66?

RÉP. : *Le rendement a été de 16 hl. 51, ou de 1 084 kg. 047 à l'hectare.*

16ᵉ LEÇON

—

Prairies naturelles ou permanentes.

La gloire de ce monde passe comme l'herbe des champs.

119. — Les prairies sont indispensables pour élever le bétail. Une prairie est un terrain couvert de plantes herbacées fourragères. On distingue deux sortes de prairies

les prairies naturelles ou permanentes et les prairies artificielles ou temporaires. Les prairies naturelles sont formées de graminées, parfois mélangées de légumineuses.

120. — Les principaux soins à donner aux prairies naturelles consistent : 1° à les débarrasser des plantes nuisibles, telles que joncs, mousses, prêles, roseaux ; 2° à les étaupiner, les épierrer et les arroser.

121. — On fait disparaître les joncs, ainsi que les roseaux, en faisant écouler les eaux stagnantes. La mousse se détruit en répandant au mois de mars du sulfate de fer pulvérisé à raison de deux à trois cents kilogrammes à l'hectare. Quant aux autres plantes nuisibles, on les arrache à la pioche.

122. — Pour engraisser les prairies, on peut employer des terreaux, des balles de céréales ou autres débris, ainsi que de la suie et surtout du purin étendu d'eau.

123. — La récolte du foin se fait en juin. On le coupe à la faux ou avec la faucheuse. On laisse le foin en andains pendant un certain temps, puis on le fane. On reconnaît que le foin est sec lorsque les brins des plus grosses herbes ne sont plus humides et se rompent aisément.

124. — Il faut éviter de laisser le foin étendu à la rosée durant la nuit : il perdrait sa couleur et son parfum et aussi sa qualité. On ramasse le foin sec dans les greniers, ou on le met en meules bien conformées, afin que les pluies n'y pénètrent pas.

Questionnaire.

119. — Qu'est ce qu'une prairie ? — Combien distingue-t-on de sortes de prairies ?

120. — Quels sont les principaux soins à donner aux prairies naturelles ?

121. — Comment détruit-on les plantes nuisibles des prairies ?

— Comment engraisser les prairies ?

24. — Comment se fait la récolte du foin ?

Problèmes.

31. — Pour détruire la mousse, on a répandu sur un
... de 3 hectares 4 ares, à raison de 275 kg. à l'hectare,
... sulfate de fer pulvérisé valant 6 fr.75 les 100 kg. Quel
... le coût de cette opération ?

Rép. : Cette opération a coûté 56 fr. 43.

32. — Un père laisse à 3 enfants, qui doivent se le par...
... également, un pré rectangulaire valant 12 500 fr.
...tare et mesurant 160 m. de long sur 80 m. de large
...lle est la valeur de chaque part, défalcation faite de
...'héritage, qui est de 1 fr. 25 0/0 ? *(Certif. d'ét.)*

Rép. : Valeur de chaque part : 5 266 fr. 67.

33. — Un pré de 120 m. 75 sur 78 m. 50 a produit 1 ...
... de foin. Quelle récolte peut-on espérer d'un pré de
...ne qualité, ayant la même longueur et 45 m. de largeur ?
(Certif. d'ét.)

Rép. — On peut espérer une récolte de 928 bottes.

17e LEÇON

Prairies artificielles ou temporaires.

Si tu veux du blé, fais ...

On désigne sous le nom de prairies artificiel...
..., le plus souvent formées de plantes légumi...
...ge durent que peu d'années et sont soumis...
...à la culture.

126. — Les prairies artificielles procurent le double avantage de faciliter un assolement rationnel et d'entretenir un nombreux bétail. Elles permettent d'augmenter la quantité du fumier ; elles sont donc une source de richesse pour le cultivateur.

127. — Les plantes qui constituent le plus ordinairement les prairies artificielles sont : les trèfles, la luzerne, le sainfoin, les vesces, les gesses, la jarosse, la lupuline.

128. — *Trèfles*. — Le trèfle se plaît dans les terres riches, fraîches et profondes. On en cultive trois espèces : le trèfle incarnat ou trèfle rouge, qui se sème en août ou en septembre, à la suite d'une autre récolte ; le trèfle violet, qu'on sème en mars ou avril dans une céréale, orge, avoine ; enfin le trèfle blanc, que l'on sème également au printemps, et qui est destiné à être pâturé par les bestiaux.

129. — *Luzerne*. — La luzerne est une plante vivace, à racines pivotantes. On en distingue deux variétés, la luzerne de Poitou et la luzerne de Provence. La luzerne offre l'une des meilleures alimentations pour le bétail. On la sème au printemps, dans l'orge ou une autre céréale. Elle se plaît dans les terres profondes et meubles, mais elle ne prospère pas dans les terrains humides.

130. — *Sainfoin*. — Le sainfoin demande également une terre exempte d'humidité et bien préparée.

131. — *Vesces. Gesses. Jarosse*. — Les vesces et les gesses prospèrent dans les terrains argileux ; la jarosse réussit partout, même dans les terres de mauvaise qualité.

132. — *Lupuline*. — La lupuline réussit bien dans les sols calcaires. C'est une bonne nourriture pour les vaches et les moutons.

Questionnaire.

Que désigne-t-on sous le nom de prairies artificielles ?

126. — Quels avantages procurent ces sortes de prairies?

127. — Quelles sont les plantes que l'on trouve ordinairement dans les prairies artificielles?

128. — Quel sol demande le trèfle? Combien d'espèces de trèfles sont cultivées?

129. — Qu'est-ce que la luzerne? Quelles terres lui conviennent?

130. — Quelle terre demande le sainfoin?

131. — Quelles terres demandent les vesces, les gesses, la jarosse?

132. — Dans quel sol réussit la lupuline?

Problèmes.

49. — Un cultivateur possède 45 kg. de graine de trèfle qu'il désire semer à raison de 20 kg. par hectare dans un terrain de 175 m. de longueur. Sur quelle largeur doit-il faire l'ensemencement pour employer la graine?

(Certif. d'ét.)

RÉP. ; *Le cultivateur doit faire l'ensemencement sur une largeur de 128 m. 57.*

50. — Dans un champ ayant la forme d'un trapèze dont les bases sont 120 m. et 72 m. et la hauteur 95 m., on a récolté 800 bottes de fourrage par hectare. Ce fourrage a été vendu 40 fr. les 1 000 kg. Quelle somme a-t-on reçue si chaque botte pesait 5 kg?

RÉP. : *On a reçu 145 fr. 80.*

51. — Un cultivateur a récolté 824 kg. de graine de luzerne par hectare sur un terrain de 154 ares 24. Combien a-t-il vendu les 100 kg., sachant qu'il a retiré en tout 1471 fr. 75?

RÉP. : *Il a vendu les 100 kg. : 115 fr. 80.*

18e LEÇON

—

Plantes sarclées et diverses plantes fourragères.

Si chaque année nous extirpions un défaut, nous serions bientôt parfaits.

133. — Les plantes sarclées sont celles dont la culture exige des binages fréquents, et parfois des buttages.

134. — Toutes ces plantes demandent de fortes fumures enfouies dans le sol par un labour d'automne.

135. — Elles peuvent se diviser en trois catégories : 1º les tubercules ; tels sont les pommes de terre, les topinambours ; 2º les racines, comme les betteraves, les carottes, les navets, les rutabagas ; 3º les plantes fourragères, comme les choux.

136. — *Pomme de terre.* — La pomme de terre se plante au printemps avec la charrue, à une distance de quarante à cinquante centimètres en tous sens. Elle réussit surtout dans un sol de consistance moyenne, un peu calcaire, bien fumé et préparé par plusieurs labours et hersages. Les engrais phosphatés et potassiques lui vont bien. Elle demande des sarclages et des buttages fréquents. On l'arrache lorsque les fanes sont complètement sèches.

137. — *Topinambour.* — Le topinambour se cultive comme la pomme de terre.

138. — *Betterave.* — La betterave comprend un grand nombre de variétés. Les principales betteraves fourragères sont : la disette rose, la jaune globe, la disette blanche à collet vert. La betterave demande une terre

franche fortement fumée et parfaitement ameublie par plusieurs labours. On la sème au printemps, en pépinière ou sur place ; dans le premier cas, on la transplante quand elle atteint la grosseur d'un tuyau de plume ; dans le second on l'éclaircit à point. Elle demande trois ou quatre binages et des sarclages fréquents.

139. — *Carotte.* — La carotte se plaît dans les terrains frais et très meubles. On la sème au printemps en lignes espacées ; on l'éclaircit lorsqu'elle a six ou huit feuilles. Elle demande les mêmes soins que la betterave.

140. — *Navet. Rutabaga.* — On sème le navet à place vers la fin du printemps ; on éclaircit et l'on donne plusieurs sarclages. — Les rutabagas se sèment *en pépinière* au mois de mars ou d'avril pour être repiqués en juin, *ou à place* au mois de mai. Ils constituent, en hiver, une ressource précieuse pour l'alimentation des bêtes à cornes.

141. — *Chou.* — Il existe une grande variété de choux, tels que le chou cavalier, le chou branchu, le chou moellier, le chou navet. Le chou se sème en pépinière, puis se transplante. Il demande une forte fumure et un grand nombre de binages et de sarclages.

Questionnaire.

133. — Qu'appelle-t-on plantes sarclées ?

135. — En combien de catégories se divisent les plantes sarclées ?

136. — Comment se cultive la pomme de terre ?

138. — Quelles sont les principales betteraves fourragères ?

139. — Quels terrains et quels soins demande la carotte ?

140. — Comment se sèment les navets et les rutabagas ?

141. — Quels sont les principaux choux fourragers ?

Problèmes.

52. — Quel est le prix de 15 sacs de pommes de terre, pesant chacun en moyenne 48 kg. 50, à raison de 8 fr. 30 le quintal métrique ? *(Certif. d'ét.)*

Rép. : *Prix des quinze sacs de pommes de terre : 60 fr. 38.*

53. — Une terre a donné 25 000 kg. de carottes fourragères à l'hectare. Si l'hectolitre de carottes pèse en moyenne 52 kg., quelle sera la récolte d'un champ de 145 ares : 1° en quintaux, 2° en hectolitres ?

Rép. : *La récolte sera : 1° de 362 quintaux 50 ; 2° de 697 hectolitres 115.*

54. — Un champ de 148 m. de long sur 72 m. de large est planté en betteraves, à raison de 4 pieds par mètre carré. 10 betteraves pèsent en moyenne 23 kg. Quelle est la valeur de la récolte si les betteraves sont vendues 2 fr. les 100 kg ?

Rép. : — *La valeur de la récolte est de 1 960 fr. 70.*

19e LEÇON

—

Plantes industrielles de l'ouest de la France.

Le temps est plus précieux que l'or.

142. — Les plantes industrielles sont en très petit nombre dans l'ouest de la France : les principales sont le colza, le chanvre et le lin.

143. — *Colza.* — Le colza appartient à la famille des crucifères et est à la fois plante oléagineuse et plante fourragère. Il existe deux variétés de colza : celle d'hiver et celle de printemps. — Les terres à froment sont très propres à la culture du colza. Il réussit également bien dans les terres d'alluvion et dans les terres nouvellement défrichées. Il n'aime pas les terres humides et marécageuses. — On le sème en pépinière vers la mi-juillet, puis on le repique en octobre dans une terre bien préparée par deux ou trois labours. On coupe le colza quand le tiers des siliques contient de la graine noire ; il achève de sécher en petits tas.

144. — *Chanvre.* — Le chanvre exige une terre profonde, riche en humus et ameublie par plusieurs labours. Les fumiers chauds conviennent beaucoup au chanvre. On le sème en mai, par un beau temps, à raison de cinq hectolitres de graine par hectare ; on recouvre à la herse. Lorsque le chanvre mâle est défleuri, on l'arrache brin à brin. Le chanvre femelle ne se récolte que lorsque la graine est mûre, en septembre. Le chanvre peut revenir plusieurs fois de suite dans le même sol.

145. — *Lin.* — Le lin aime également une terre franche bien préparée, bien ameublie par plusieurs labours et profondément défoncée. On cultive deux espèces de lin, dont l'une se sème au printemps et l'autre en automne. La filasse du lin d'hiver est moins fine que celle du lin de printemps. On sème de deux à trois hectolitres de graine par hectare et l'on recouvre au râteau. Le lin se récolte lorsque les feuilles jaunissent.

146. — Pour obtenir la filasse du chanvre et du lin, on les fait rouir en les tenant submergés dans l'eau durant quelques jours. On extrait de l'huile à brûler des graines de lin et de chanvre.

Questionnaire.

142. — Quelles sont les plantes industrielles de l'ouest de la France ?

143. — Comment se cultive le colza ?

144. — Quelle terre convient au chanvre ?

145. — Dites ce que vous savez sur le lin.

146. — Comment obtient-on la filasse du lin et du chanvre ?

Problèmes.

55. — Un champ rectangulaire de 125 mètres de long sur 70 mètres de large a été ensemencé en lin. On a récolté par hectare 9 hl. de graine et 480 kg. de filasse. Quel est le produit du champ ?

RÉP. : *Le champ a produit 7 hl.875 de graine et 420 kg. de filasse.*

56. — L'hectolitre de colza pèse 68 kg., et 1 000 kg. de cette graine donnent 37 kg. d'huile à brûler et 59 kg. de tourteau. Combien d'huile et de tourteau produiront 13 hectolitres de colza ?   (*Certif. d'ét.*)

RÉP. : *13 hectol. de colza produiront 32 kg.708 d'huile, et 52 kg.156 de tourteau.*

57. — On a cultivé du chanvre dans 3 pièces de terre. La 1re a fourni 15 hectol. 64 de graine ; la 2e 35 demi-hect. ; la 3e 27 doubles-décal. Combien d'hectol. d'huile pourra-t-on retirer de cette graine, sachant que pour avoir 25 litres d'huile, il faut 2 hl. de graine ?

RÉP. : *On retirera 4 hl.8175 d'huile.*

20ᵉ LEÇON

—

Plantes médicinales.

Je le pansai et Dieu le guérit.

147. — Beaucoup de plantes communes possèdent des propriétés médicinales très précieuses: il est bon de cultiver quelques-unes de ces plantes ou du moins de les connaître.

148. — *Plantes expectorantes.* — Les plantes expectorantes sont celles qui servent à débarrasser la gorge en faisant cracher. Ces plantes se prennent en infusion; telles sont les fougères capillaires, l'hysope.

149. — *Plantes apéritives ou digestives.* — La plupart des plantes amères relèvent l'appétit et facilitent la digestion; telles sont les feuilles et les racines de la chicorée sauvage, les fleurs de camomille employées en infusion.

150. — *Plantes purgatives.* — Les parties de certaines plantes ont des propriétés purgatives bien caractérisées; telles sont les feuilles de mercuriale annuelle, celles de globulaire, les baies de lierre; mais ces dernières doivent être employées en petite quantité.

151. — *Plantes astringentes.* — La propriété des plantes astringentes est de resserrer les tissus organiques. On emploie la ronce, la framboise dans les maux de gorge, le coing et les prunelles incomplètement mûres contre la diarrhée.

152. — *Plantes vermifuges.* — Les plantes communes propres à tuer les vers intestinaux sont l'absinthe, l'ail, la carotte crue.

153. — *Plantes fébrifuges*. — Les plantes fébrifuges sont celles qui calment la fièvre, comme l'écorce du saule blanc, celle du marronnier d'Inde, la petite centaurée, la feuille d'artichaut. Ces plantes s'emploient en décoction.

154. — *Plantes sudorifiques*. — Les plantes sudorifiques sont celles qui ont la propriété de faire transpirer : le buis, la douce-amère, les fleurs du sureau et du tilleul sont les plus en usage.

155. — *Plantes émollientes*. — Les plantes émollientes sont celles qui ont la vertu de calmer les inflammations ; tels sont la guimauve, le bouillon blanc, la bourrache.

156. — *Plantes calmantes*. — Les plantes calmantes sont celles qui ont la propriété d'agir sur le système nerveux, pour apaiser et calmer les maladies ; tels sont le coquelicot, le pavot, la laitue.

Questionnaire.

148. — Qu'appelle-t-on plantes expectorantes ? – Citez-en.

149. — Quelle est la propriété de la plupart des plantes amères ? — Nommez celles que vous connaissez.

150. — Nommez quelques plantes purgatives.

151. — Quelle est la propriété des plantes astringentes ?

152. — Quelles sont les plantes vermifuges que vous connaissez ?

153. — Qu'appelle-t-on plantes fébrifuges ? — Nommez-en quelques-unes.

154. — Quelle propriété ont les plantes sudorifiques ?

155. — Quelle vertu ont les plantes émollientes ?

156. — Qu'appelle-t-on plantes calmantes ?

Problèmes.

58. — Un cultivateur a vendu à un pharmacien 15 kg. 85 fleur de tilleul à 1 fr. 50 le kg. ; 128 hectog. fleur de sureau à 1 fr. 35 le kg. ; 12 hectog. fleur de guimauve à

2 fr. 30 le double-kilog. ; 4 kg. 45 racine de guimauve à 0 fr. 25 le 1/2 kg., et 325 décag. absinthe à 0 fr. 05 l'hectog. — Il prend chez le pharmacien 5 paquets de sulfate de quinine de 25 centig. chacun, à 0 fr. 75 le gramme, et 45 gr. de citrate de magnésie à 3 fr. 85 le kg. Combien lui est-il redû ?

RÉP. : *Il lui est redû 43 fr. 90.*

59. — Combien le pharmacien devra-t-il revendre le kilog. de chacune des 5 plantes du problème précédent s'il veut gagner 25 0/0 ?

RÉP. : *Il revendra la fleur de tilleul 1 fr. 875 le kilog. ; la fleur de sureau, 1 fr. 69 ; la fleur de guimauve, 1 fr. 45 ; la racine de guimauve et l'absinthe, 0 fr. 625.*

60. — Avec 870 gr. d'une plante médicinale, un pharmacien fait 87 paquets de même poids qu'il vend 0 fr. 15 l'un. Sachant qu'il a réalisé ainsi un bénéfice de 75 0/0, que lui a coûté le kg. de cette plante ?

RÉP. : *Le kg. lui a coûté 8 fr. 57.*

21ᵉ LEÇON

—

Animaux domestiques. — Alimentation.

Celui qui est cruel envers les animaux l'est aussi envers ses semblables.

157. — On nomme animaux domestiques ceux que l'homme élève pour en tirer du profit. Les uns lui donnent leur travail, les autres leur lait et leur chair, quelques-uns toutes ces choses à la fois.

158. — Pour tirer bon parti des animaux domestiques,

il faut leur donner des soins conformes à leur divers besoins. Un air pur, une habitation spacieuse et des aliments sains sont indispensables à la santé des animaux.

159. — La valeur nutritive d'un aliment est relative aux proportions des trois principes suivants : matière *azotée*, matière *grasse* et matière *carbonée*. La digestibilité d'un aliment influe aussi beaucoup sur sa qualité. En général, plus les aliments sont durs, moins ils sont digestibles.

160. — Deux choses principales sont à observer dans l'alimentation des animaux : la *ration* et la bonne *qualité* de la nourriture. — On appelle *ration d'entretien* la quantité de nourriture nécessaire à un animal pour vingt-quatre heures. Elle a pour but de mettre l'animal à même de réparer les pertes qu'il a faites. Elle est, en général, pour les herbivores, d'un kilogramme cinq cents grammes de bon foin sec, ou l'équivalent d'autres substances par cent kilos du poids vivant de l'animal.

161. — La *ration de production* est la quantité de nourriture nécessaire pour obtenir de l'animal des produits utiles, comme lait, graisse, travail. La ration de production peut aller jusqu'à trois kilogrammes de foin ou l'équivalent par cent kilos du poids de l'animal.

162. — La ration totale comprend la ration d'entretien et la ration de production.

163. — Par *la bonne qualité* de la nourriture, on entend qu'il doit exister un rapport convenable entre les aliments azotés ou *réparateurs* d'une part, et les aliments gras et carbonés ou *respiratoires* d'autre part ; ce rapport est ordinairement de un à cinq.

Questionnaire.

157. — Qu'appelle-t-on animaux domestiques ?

158. — Que faut-il faire pour tirer bon parti des animaux domestiques ?

159. — Quels sont les trois principes qui constituent la valeur nutritive d'un aliment ?

160. — Quelles règles président à l'alimentation des animaux ? — Qu'appelle-t-on ration d'entretien ?

161. — Qu'appelle-t-on ration de production ?

162. — Qu'est-ce que la ration totale ?

163. — Qu'entend-on par la bonne qualité de la nourriture ?

Problèmes.

61. — Une vache de 550 kilogrammes reçoit une ration journalière de foin, à raison de 3, 5 0/0 de son poids. Le foin coûtant 6 fr. 80 le quintal métrique, à combien s'élève par an la nourriture de cet animal ?

RÉP. : *Cette vache consomme annuellement pour 477 fr.785 de nourriture.*

62. — Un fermier possède 3 500 kg. de luzerne. Il en nourrit 3 vaches pesant respectivement 380, 450 et 520 kg., à raison chaque jour de 3 kg.5 par 100 kg. de poids vivant. Combien de temps durera sa provision ?

RÉP. : *La provision durera 74 jours.*

63. — Un cheval mange par jour 3 kg. 500 de foin et 5 litres d'avoine ; l'avoine pèse 65 kg. l'hectolitre. Combien les 250 chevaux d'un escadron consommeront-ils en trois semaines de rottels de foin et d'avoine ? (Le rottel est un poids de 500 grammes usité dans le pays des Kroumirs).

(*Certif. d'ét.*)

RÉP. : *Les 250 chevaux consommeront 36 750 rottels de foin et 34 125 rottels d'avoine.*

22ᵉ LEÇON

Vaches laitières.
Lait. — Beurre. — Fromage.

La vache rend au prorata
des soins qu'on lui donne.

164. — C'est sur les côtes de la Manche que se trouvent les races bovines fournissant les meilleures vaches laitières. Telles sont : la race hollandaise, qui a la robe noire avec de grandes taches blanches ; la race bretonne, qui lui ressemble, sauf qu'elle est plus petite ; la race flamande, qui a le poil rouge et est très forte ; la race normande, dont la robe est comme marbrée.

165. — On reconnaît les bonnes vaches laitières à ce qu'elles ont la peau fine, les mamelles volumineuses, les veines mammifères et l'écusson fort développés.

166. — L'herbe des bonnes pâtures, la luzerne, le trèfle, la pomme de terre, la carotte, le rutabaga, les choux, les tourteaux sont les meilleurs aliments pour la vache laitière.

167. — Avec le lait on fait du beurre et du fromage. La fabrication du beurre demande des soins spéciaux de propreté et de délaitage, ainsi qu'une température convenable.

168. — En moyenne, un kilogramme de beurre est fourni par quatre litres de crème, qui proviennent de vingt-huit litres de lait. Le lait de beurre est employé avec avantage à la nourriture des jeunes porcs.

169. — On fabrique aussi avec le lait une grande variété de fromages qui portent divers noms suivant leur qualité et leur origine. Il y a le fromage de Roquefort, le fromage de Gruyère, le fromage de Hollande, etc. Toutes ces variétés se partagent en outre en trois catégories, savoir : les fromages gras, les demi-gras et les maigres.

170. — Lorsqu'on fait cuire le lait sans enlever la crème on obtient du fromage gras ; si l'on enlève une partie de la crème, on a du fromage demi-gras ; si on l'enlève complètement, le fromage est maigre.

Questionnaire.

164. — Quelles sont les meilleures races laitières ?

165. — A quoi reconnaît-on les bonnes vaches laitières ?

166 — Quels sont les meilleurs aliments pour la vache laitière ?

167. — Que fait-on avec le lait ?

168. — Combien faut-il de lait, de crème pour donner un kilogramme de beurre ?

169. — Quels sont les principaux fromages ?

170. — Qu'est-ce que le fromage gras ? — le fromage demi-gras ? — le fromage maigre ?

Problèmes.

64. — Un litre de bon lait pèse 1 030 gr. Ma laitière m'a apporté ce matin 45 litres de lait pesant 45 kg.9. N'y a-t-il pas de l'eau, et combien ? (*Certif. d'ét.*)

Rép. : *Il y a 0 l. 45 d'eau.*

65. — Un vase plein de lait pèse 45 kg. ; vide, il ne pèse que 1 751 gr. ; sa capacité est de 42 lit. 8 centil. Quel est le poids d'un décim. cube de ce lait ? (*Certif. d'ét.*)

Rép. : *Poids d'un décim. cube de ce lait : 1 kg.028.*

66. — Une vache bretonne donne, pendant 8 mois de l'année, en moyenne 5 lit. 75 de lait par jour. Sachant que 15 lit. de lait donnent 1 kg. de beurre, quelle quantité de beurre obtiendra par an un fermier qui a 8 vaches

Quelle somme retirera-t-il de la vente de son beurre à raison de 2 fr.10 le kg., sachant qu'il en réserve chaque semaine 2 kg.5 pour l'entretien de sa maison ?

Rép. : *1° Quantité de beurre : 736 kg. ; 2° Le fermier retirera de la vente de son beurre 1272 fr. 60.*

23ᵉ LEÇON

—

Engraissement du bétail.

L'œil du maître vaut mieux que ses deux mains.

171. — Le bœuf et le mouton sont les principaux animaux de boucherie : on les engraisse en vue de l'abattoir.

172. — *Bêtes à cornes.* — C'est vers la septième ou huitième année que les bêtes de la race bovine se trouvent dans les meilleures conditions d'engraissement. Cette opération dure de quatre à cinq mois.

173 — L'engraissement se fait au pâturage ou à l'étable. Le premier mode n'est praticable que dans les pays d'herbages ; le second l'est partout. A l'étable, une ration de vingt kilogrammes de foin ou l'équivalent suffit à un bœuf de taille moyenne. Il importe de distribuer les aliments à des heures réglées, puis de laisser les animaux ruminer en repos.

174. — *Bêtes à laine* — Le mouton fournit tout à la fois de la laine et une viande estimée. Cet animal est très utile dans les terres pauvres et légères. Il aime les sols secs et élevés ; rien ne lui est plus contraire que l'humidité.

175. — Les bergeries doivent être saines, bien aérées : les bêtes à laine, plus que les autres, se trouvent bien

d'un air frais et souvent renouvelé. On les engraisse soit en les parquant, soit en les faisant paître des prairies naturelles ou artificielles. Si l'herbe du pâturage ne suffit pas, on donne, à la bergerie, un supplément en foin, en racines ou en grain.

Questionnaire.

171. — Quels sont les principaux animaux de boucherie ?

172. — A quel âge les bêtes de la race bovine sont-elles dans les meilleures conditions pour l'engraissement ?

173. — Quels sont les deux modes d'engraissement de la race bovine ?

174. — Parlez de l'engraissement des bêtes à laine.

175. — Quelles conditions doivent remplir les bergeries ? — Comment engraisse-t-on le mouton ?

Problèmes.

67. — Un cultivateur possède 586 moutons qu'il veut vendre 12 594 fr. Il en vend d'abord 245 à 18 fr. la pièce. Combien doit-il vendre chacun de ceux qui lui restent ?

(*Certif. d'ét.*)

RÉP. : *Il doit revendre 24 fr. chacun de ceux qui lui restent.*

68. — On admet que 100 kg. de foin nourrissent le bétail autant que 315 kg. de pommes de terre. En supposant que 3 hl. 1/2 de pommes de terre, pesant 80 kg. l'hectol., coûtent 6 fr. 30, et 100 kg. de foin 6 fr., y a-t-il avantage à acheter du foin ? Quelle est la perte ou le gain sur 1080 kg. de foin ?

(*Certif. d'ét.*)

RÉP. : *En achetant du foin on gagne 11 fr. 74.*

69. — Un mouton gras peut donner en viande 56 pour 100 de son poids et 8 pour 100 de suif. On peut estimer la viande à 1 fr. 60 le kg. et le suif à 0 fr. 65 le demi-kg. Dans ces conditions qu'a-t-on dû retirer d'un mouton dont la viande a produit 31 fr. 36 ?

(*Certif. d'ét.*)

RÉP. : *On a retiré 35 fr. 03.*

—

Tenue des étables, écuries, porcheries.

Qui double son fumier
double son champ.

76. — La plupart du temps, les maladies des animaux domestiques viennent de la mauvaise tenue de leur habitation ou d'une alimentation malsaine, surtout en hiver. Les animaux, étant des êtres sensibles et vulnérables aussi bien que l'homme, ont besoin d'être soumis à une hygiène conforme à leur nature.

77. — Le logement des animaux doit être vaste, bien aéré et bien entretenu ; les courants d'air sont très nuisibles au bétail.

78. — L'espèce bovine demande une litière abondante, environ six kilogrammes de paille par jour. Il faut éviter de laisser le fumier s'entasser et fermenter sous les animaux : les gaz qui s'en échappent alors sont délétères, et par suite très pernicieux au bétail. Le sol des étables doit être légèrement incliné, du côté opposé à la tête des animaux, de façon à ce que le purin s'écoule dans une petite rigole pratiquée au bas de la pente.

La porcherie demande à être tenue proprement ; il faut donc la nettoyer fréquemment, en enlever le fumier et en renouveler souvent la litière. — Il est bon ou mieux de faire baigner de temps en temps les porcs ; c'est le moyen d'empêcher les maladies de peau et de donner de la vigueur à ces animaux. Il ne faut pas oublier que la pureté de l'air et la propreté sont les conditions de la santé.

Questionnaire.

176. — D'où proviennent, la plupart du temps, les maladies des animaux ?

177. — Quelles conditions doit remplir le logement des animaux ?

178. — Quelle litière faut-il à la race bovine ? — Comment disposer le sol des étables ?

179. — Comment tenir la porcherie ? — Quels soins exigent les porcs ?

Problèmes.

70. — En supposant qu'une vache donne 6 litres de lait par jour, et que 35 litres de lait donnent 2 kg. de beurre, quelle quantité de beurre peut fournir par semaine une fermière qui a 25 vaches ?   (Certif. d'ét.)

Rép. : *La quantité de beurre demandée est 60 kg.*

71. — On veut construire une bergerie pour 180 brebis. Il faut 3 mètres cubes d'air par brebis. La superficie de la bergerie étant de 164 mètres carrés, quelle devra être sa hauteur ?   (Cert. d'ét.)

Rép. : *La hauteur demandée est 3m.292.*

72. — Un porc, acheté 47 fr.. a consommé 1 quintal 1/2 de recoupes à 26 fr. les 100 kg., et 3 hl. de pommes de terre à 0 fr. 80 le double-décalitre. Tué au bout de 3 mois, il a fourni 70 kg. de viande. A combien revient le kg. de cette viande ?

Rép. : *Le kg. de cette viande revient à 1 fr. 40.*

25e LEÇON

—

Oiseaux de basse-cour.

*La perte du temps est la plus
grande des prodigalités.*

180. — La volaille est l'ensemble des oiseaux que l'on entretient dans une basse-cour. Ces volatiles se nourrissent de débris et de grains de peu de valeur ; ils utilisent quantité de choses qui sans eux seraient perdues.

181. — Les principaux oiseaux de basse-cour sont la poule, le canard, l'oie, la pintade, le dindon, le pigeon.

182. — *Poule.* — On distingue plusieurs espèces de poules : la poule de Houdan, celle de la Flèche, le Crève-cœur, la poule commune. Chacune de ces races a ses qualités particulières. La poule est la glaneuse par excellence : elle se nourrit de tous les grains de la ferme, trouve sa pitance dans les balayures de l'aire, de la grange, de la cuisine, des écuries, et fait en outre une chasse active aux insectes.

183. — On élève la poule pour avoir des œufs et des poulets. Elle pond pendant neuf mois de l'année jusqu'à l'âge de cinq ans. Cet oiseau demande un poulailler sec, propre, bien aéré et exempt de vermine.

184. — *Canard.* — On élève le canard pour sa chair et ses œufs. C'est un oiseau aquatique, mais il se montre peu difficile sur la qualité de l'eau et de la nourriture ; il engraisse avec une facilité proverbiale ; sa chair est délicate, mais un peu indigeste.

185. — *Oie.* — L'oie nous donne sa chair, sa graisse, son foie, ses plumes et son duvet. L'oie est un oiseau aqua tique, mais l'eau ne lui est pas indispensable. Elle se nourrit d'herbes et de grains.

186. — *Pintade. Dindon.* — Ces deux oiseaux ont á peu près les mêmes habitudes et les mêmes goûts que la poule. Leur chair a aussi beaucoup de ressemblance avec celle de cette dernière, tout en étant un peu plus délicate. Les dindonneaux sont très sensibles au froid jusqu'à ce qu'ils aient pris le rouge.

187. — *Pigeon.* — Le pigeon est un oiseau à demi sauvage qui vit surtout de graines, et qui cause beaucoup de dégâts à l'époque des semailles et des récoltes.

Questionnaire.

180. — Quels sont les avantages d'une basse-cour ?

181. — Quels sont les principaux oiseaux de basse-cour ?

182. — Nommez quelques espèces de poules. — Quelle est la nourriture de la poule ?

184. — Pourquoi élève-t-on le canard ?

185. — Que nous donne l'oie ?

186. — Que savez-vous sur l'élevage de la pintade et du dindon ?

187. — Qu'est-ce que le pigeon ?

Problèmes.

73. — Un fermier a 52 poules qui pondent chacune en moyenne 166 œufs par an. Il vend les œufs 0 fr. 90 la douzaine en donnant le treizième. Quel bénéfice retirera-t-il de ces œufs en estimant que les poules lui coûtent par jour 0 fr. 90 de grain ?

Rép. : *Le fermier retirera un bénéficice de **269 fr. 10**.*

74. — Un cultivateur qui possède un étang a fait couver dans une année 54 douzaines d'œufs de canes dont les 3/4 ont réussi. Il a vendu ses canards, la moitié à 2 fr. 25,

le tiers à 2 fr.40 et le reste pour 202 fr.50. Combien a-t-il vendu chaque canard du dernier groupe, et quelle somme a-t-il retirée en tout ?

RÉP. : 1° *Chacun des derniers canards a été vendu 2 fr.50 ;* 2° *La vente totale a produit 1138 fr.05.*

75. — Une fermière a vendu 15 douzaines d'œufs, plus 9 œufs, à raison de 7 fr. 8 sous. Elle a employé le prix à acheter une étoffe qui coûte 30 centimes le mètre. Combien en a-t-elle de mètres ? — Combien cette étoffe couvrirait-elle de mètres carrés si elle a 0^{m}578 de large ? (*Certif. d'ét.*)

RÉP. : 1° *La fermière a reçu 24 mètres 67 ; 2° L'étoffe couvrirait une surface de 14 mq.25.*

26e LEÇON

—

Élevage, amélioration des animaux domestiques.

Il faut travailler chaque jour
à devenir meilleur.

188. — Il existe trois différentes manières d'améliorer les animaux de ferme : 1° le choix des races ; 2° la sélection ou choix des sujets d'une même race ; 3° la bonne nourriture et les soins intelligents.

Les races doivent, avant tout, être appropriées aux ressources de l'exploitation et aux services qu'on a en vue. Mais il ne faut élever que des sujets bien conformés et annonçant de la vigueur. — Les soins domestiques influent puissamment sur la qualité et la beauté des animaux ; il importe donc de veiller sur l'alimentation et l'hygiène.

189. — *Race bovine.* — On nourrit le jeune veau du lait pur de sa mère durant une huitaine de jours ; puis, pendant deux ou trois mois, de lait écrémé mélangé d'un peu de farine ou de graine de lin cuite. Peu à peu on lui donne de l'herbe, enfin on le mène paître de bonne herbe tendre.

190. — *Race ovine.* — La brebis nourrit d'abord l'agneau de son lait ; au bout de six semaines on donne au jeune mouton du grain concassé, et on en vient progressivement à lui faire manger des plantes fourragères.

191. — *Race chevaline.* — Le poulain prend le lait de sa mère pendant les trois premiers mois ; on le sèvre ensuite peu à peu en lui donnant de la farine d'orge délayée et un peu de bon foin. Ce n'est que dans le courant de la seconde année qu'on en vient à lui donner de l'avoine.

192. — *Race porcine.* — Les gorets ou porcelets, au nombre de huit à douze par portée, prennent d'abord le lait de leur mère. On les sèvre vers l'âge de deux mois. On commence par leur donner du petit lait et même du lait de beurre ; on en vient progressivement à leur donner des aliments plus substantiels, comme des pommes de terre cuites mélangées de lait ou de farine d'orge. Finalement, on les accoutume à se nourrir de toutes sortes d'aliments.

Questionnaire.

188. — Quelles sont les différentes manières d'améliorer les animaux de la ferme ?

189. — Comment nourrit-on le jeune veau ?

190. — Comment l'agneau est-il nourri ?

191. — Comment faut-il élever le jeune poulain ?

192. — Parlez de l'élevage des porcelets.

Problèmes.

76. — Quelle quantité journalière de foin devra-t-on donner à 5 chevaux pesant chacun, les deux premiers 375 kg. et les trois autres 420 kg., si la ration est de 4 kg. 5 par 100 kg. de poids vivant, et quelle sera la dépense annuelle à raison de 55 fr. les 1000 kg. de foin ?

RÉP. : *1° On devra donner aux chevaux 90 kg. 45 de foin par jour ; 2° La dépense annuelle sera 1815 fr. 78.*

77. — Un fermier a mis 2 bœufs et 5 vaches à l'engrais. Il a donné à chaque bœuf 6 décal. de betteraves hachées et à chaque vache les 2/3 de la ration d'un bœuf. L'engraissement a duré du 1er décembre 1892 au 1er avril suivant. Si l'hectare de terre fournit 25 000 kg. de betteraves, et que l'hectol. de betteraves hachées pèse 52 kg., quelle surface ce fermier a-t-il dû cultiver en betteraves pour se procurer la nourriture nécessaire à l'engraissement de ces animaux ?

RÉP. : *Le fermier a cultivé 80 ares 54.*

78. — Un agriculteur achète 150 moutons à 23 fr. 75 l'un. Il les garde pendant 3 mois 1/2. Pendant ce temps ils consomment l'herbe de 3 ha. 50 de pré, achetée à raison de 2 fr. 75 par décamètre carré. Ils consomment en outre, tous les dix jours, 360 kg. de foin à 7 fr. 50 le quintal. Le berger est payé 1 fr. 25 par jour. On demande combien doit être vendu chaque mouton pour que le propriétaire fasse un bénéfice net de 560 fr. (*Certif. d'ét.*)

RÉP. : *On doit vendre chaque mouton 36 fr. 665.*

27ᵉ LEÇON

—

Qualités des diverses races d'animaux domestiques.

Ce qui ne vaut rien coûte toujours trop cher.

193. — *Race bovine*. — L'espèce bovine peut être élevée, soit pour le *lait*, soit pour la *viande*, soit pour le *trait*.

194. — Les meilleures vaches laitières, ainsi qu'on l'a déjà vu, sont : la hollandaise, la bretonne, la flamande, la normande, la jersiaise. — La race la plus avantageuse pour la viande est la race Durham. — Les races les plus propres au trait sont : la garonnaise et la Salers.

195. — *Race chevaline*. — La race chevaline peut se classer en trois catégories : le cheval de *trait*, le cheval de *carrosse* et le cheval de *selle*. Les meilleurs chevaux de trait sont les boulonnais, les percherons et les bretons ; ce sont les plus propres au labour et à l'artillerie. Les chevaux ardennais et les chevaux normands conviennent pour le trait léger (carrosse) et la gendarmerie. Les chevaux du Midi, tels que les béarnais, les andalous, les arabes, sont les plus propres à la cavalerie légère.

196. — *Race ovine*. — La race ovine peut être considérée à deux points de vue, selon que l'on envisage le produit de la laine ou de la viande. Les races à laine fine sont les mérinos et les provençaux. Les moutons à longue laine appartiennent à la race Dishley. Les brebis du Lazai et de l'Auvergne donnent un lait abondant. Les moutons de Dishley sont réputés pour leur chair succulente.

197. — *Race porcine*. — La meilleure race porcine de

l'Ouest est la craonnaise. Les races anglaises sont estimées parce qu'elles absorbent peu et engraissent promptement. Le croisement des races anglaises avec les races françaises donnent d'excellents produits.

Questionnaire.

193. — Pourquoi élève-t-on l'espèce bovine ?

194. — Quelles sont les races bovines propres au trait ?

195. — En combien de catégories classe-t-on la race chevaline ? — Quels sont les meilleurs chevaux de trait ? — de carrosse ? — de selle ?

196. — Quelles sont les principales races ovines ? — Qu'en retire-t-on ?

197. — Quelle est la meilleure race porcine de l'Ouest ?

Problèmes.

79. — Un marchand achète un troupeau de moutons pour la somme de 3 690 fr. Il en vend 15 pour 517 fr. 50 en faisant un bénéfice de 3 fr. 75 sur chacun. Combien le troupeau contenait-il de moutons ?   (*Certif. d'ét.*)

Rép. : *Le troupeau contenait 120 moutons.*

80. — Une fermière achète 25ᵐ50 de toile à 1 fr. 50 le mètre, et 3ᵐ60 de drap à 16 fr. 50 le mètre. Combien lui manque-t-il pour payer ces acquisitions avec le prix de la vente de 8 kg. 50 de beurre à 1 fr. 40 le demi-kg. et de 25 volailles à 3 fr. 40 la paire ?.   (*Certif. d'ét.*)

Rép. : *Il lui manque 34 fr. 35.*

81. — Un cultivateur a récolté 2 ha. 1/2 de fourrage à raison de 25 000 kg. par ha. S'il faut chaque jour à un cheval 2 bottes de chacune 5 kg., quelle somme le cultivateur pourra-t-il retirer de la vente de son fourrage après avoir réservé la nourriture de ses 3 chevaux pendant un an ? — Le fourrage est vendu 35 fr. les 100 bottes.

Rép. : *Il pourra retirer de cette vente 3 608 fr. 50.*

28ᵉ LEÇON

—

Hygiène des animaux.

*Le défaut de soin fait plus de
tort que le défaut de savoir.*

198. — Les maladies des animaux sont le plus souvent le résultat de mauvais traitements, ou de manque de soins, ou encore les conséquences d'une alimentation malsaine.

199. — Les soins hygiéniques à donner aux animaux diffèrent peu de ceux que l'homme doit prendre pour le maintien de sa santé.

200. — *Logement.* — L'habitation des animaux domestiques doit être aussi propre que possible. Qu'on ne laisse donc pas les urines et la fiente séjourner dans les locaux occupés par les animaux : ces déjections en corrompraient l'air par des émanations putrides.

201. — *Propreté.* — Il ne suffit pas que l'habitation des animaux soit dans de bonnes conditions ; il importe également qu'ils soient maintenus dans un état de propreté constant : ainsi les chevaux, les bœufs, les vaches doivent être fréquemment étrillés et brossés, et même il est bon de faire baigner de temps en temps le cheval. Il en est de même des porcs dont la santé exige autant de propreté que tout autre animal. Une litière sèche et fréquemment renouvelée convient à tous les animaux.

202. — *Alimentation.* — La race bovine et la race chevaline exigent des aliments et surtout de l'eau de bonne qualité.

203. — *Traitement.* — Les animaux aiment à être traités avec douceur ; les mauvais traitements les rendent

méchants, indociles, capricieux. Au contraire, les caresses, les bons soins les rendent doux et faciles à conduire.

204. — *Travail.* — Le surmenage des animaux de trait les épuise, les use avant le temps, surtout quand les mauvais traitements s'ajoutent à l'excès de travail.

Questionnaire.

198. — D'où proviennent le plus souvent les maladies des animaux ?

199. — Les soins à donner aux animaux diffèrent-ils de ceux à donner à l'homme ?

200. — Comment doit être l'habitation des animaux ?

201. — Quels soins réclament les animaux au point de vue de la propreté ?

202. — Qu'exigent pour leur nourriture la race bovine et la race chevaline ?

203. — Comment doit-on traiter les animaux ?

204. — Quel est l'effet du surmenage pour les animaux ?

Problèmes.

82. — Une étable a 7 m. 50 de long, 4 m. 75 de large et 3 mètres de haut. Il faut 24 mètres cubes d'air par vache. Combien pourra-t-on en loger ?

Rép. : *On pourra loger 4 vaches.*

83. — On achète un porc 28 fr.50. On le nourrit 3 mois 1/2, dépensant en moyenne 0 fr.29 par jour. Tué et vidé, cet animal vaut 105 fr. Quel bénéfice réalise-t-on ?

Rép. : *Le bénéfice réalisé est de 46 fr.05.*

84. — Il faut 4 décal. de lait pour avoir 3 kg. de beurre. Trouver quelle est la somme qu'un fermier retirera au bout de l'année avec le lait fourni par 12 vaches, donnant chacune en moyenne 4 doubles-litres de lait par jour, s'il vend le beurre 1 fr. 50 le demi-kilog. (*Certif. d'ét.*)

Rép. : *Le fermier retirera la somme de 7 884 fr.*

29e LEÇON

—

Animaux nuisibles.

*La vie est un combat. Combattez
vos ennemis jusqu'à leur com
plète extermination.*

205. — Les principaux ennemis de l'agriculture sont :
1° les rongeurs : le lapin, le rat, la souris, le campagnol, le
mulot, le loir, le lérot ; 2° les carnassiers : la loutre, le
putois, la martre, la belette ; 3° certains coléoptères : le
hanneton, les charançons, etc.

206. — Ces ennemis attaquent les plantes ou les fruits
et quelquefois les deux : la loutre détruit le poisson dans
les étangs et les rivières ; le putois, la martre, la belette
mangent la volaille et les œufs.

207. — La larve du hanneton, appelée ver blanc, dévore
les racines des plantes ; le hanneton mange la feuille
du chêne et du châtaignier ; le charançon du blé en ronge
le grain ; l'altise ou puce de terre s'attaque aux feuilles
d'un grand nombre de plantes ; le silphe opaque détruit
les feuilles de betteraves.

208. — Les papillons produisent des nuées de chenilles
qui détruisent les feuilles d'une foule de végétaux. La
larve de la piéride dévore parfois des champs entiers de
choux.

209. — Le puceron lanigère et l'anthonome s'attaquent
au pommier ; la larve de l'anthonome dévore le pistil et
les étamines des fleurs.

La cochenille et les pucerons sucent la sève des jeunes
tiges qu'ils épuisent.

Les fourmis, les bourdons, les guêpes, les frelons sucent nos meilleurs fruits.

210. — Les mouches communes sucent le sang des animaux ; certaines espèces déposent leurs œufs sous la peau des vaches ou des veaux et leur occasionnent des tumeurs.

211. — Il faut faire la chasse sans trêve ni repos à tous ces animaux nuisibles et employer pour leur destruction les moyens indiqués par la science et par l'expérience. — Il ne faut surtout jamais négliger de recourir à la toute-puissante protection de Dieu, sans lequel nos efforts demeurent impuissants, mais qui se montre toujours secourable à ceux qui l'invoquent avec confiance.

Questionnaire.

205. — Quels sont les principaux ennemis de l'agriculture ?

206. — Indiquez quelques destructeurs du poisson et de la volaille.

207. — Quels sont les principaux coléoptères nuisibles ?

208. — Les papillons sont-ils nuisibles ?

209. — Quels sont les insectes qui s'attaquent aux arbres fruitiers ?

210. — Quel mal font les mouches ?

211. — Que faut-il donc faire devant de si nombreux ennemis ? — A qui surtout faut-il recourir ?

Problèmes.

85. — Une municipalité, ayant offert une prime de 0 fr. 15 par kg. de hannetons qu'on lui apporterait, a distribué aux 55 élèves d'une école de garçons la somme de 742 fr. 50. Quelle est en quintaux la quantité des hannetons détruits par ces élèves et combien chacun a-t-il reçu en moyenne ?

Rép. : 1° *Ces élèves ont détruit 49 quint. 50 de hannetons ;*

2° *Chacun a reçu en moyenne 13 fr. 50.*

86. — Sachant qu'un anthonome donne naissance à 15 larves et que chaque larve détruit un bouton à fruit, calculer combien de pommes a préservées un enfant qui a pris 285 anthonomes, et quelle récompense il mérite si son maître lui donne 2 bons points pour 15 anthonomes.

RÉP. : *1° Cet enfant a préservé 4 275 pommes ;*
2° Il mérite 38 bons points.

87. — Pendant les mois de mai, juin, juillet, un mulot ronge chaque jour par le pied 30 tiges de blé, dont chacune pourrait rapporter en moyenne 60 grains. Combien de quintaux de blé ont préservé 12 laboureurs qui, en mars et en avril, ont tué chacun 25 mulots, sachant que 1 décilitre de blé pèse 76 gr. et contient en moyenne 1350 grains.

RÉP. : *Ils ont préservé 27 q^x 968.*

30ᵉ LEÇON

Les auxiliaires du cultivateur.

Sachez discerner et protéger
vos vrais amis.

212. — A côté des ennemis de l'agriculture se trouvent ses défenseurs. Dieu, dans sa bonté, n'a pas voulu nous laisser désarmés en présence d'agresseurs trop souvent insaisissables : il nous a donné d'habiles et infatigables auxiliaires ; sachons les reconnaître et les protéger en toute circonstance.

213. — *Mammifères.* — Parmi les mammifères, nos principaux auxiliaires sont : la chauve-souris, le hérisson, la musaraigne qui dévorent d'innombrables quantités d'insectes malfaisants.

214. — *Oiseaux.* — La plupart des oiseaux sont utiles : l'effraie, le hibou font la chasse aux rongeurs ; la fauvette, le roitelet, le rossignol, le pivert, la mésange, le pinson, l'engoulevent, l'hirondelle, le martinet, le merle, la grive, le moineau, etc., dévorent des insectes par millions. Quelle protection ne méritent donc pas ces petits oiseaux ! Enfants, respectez leurs nids !...

215. — *Poissons.* — Les poissons sont utiles à l'agriculture ; ils se nourrissent de larves aquatiques d'une foule d'insectes.

216. — *Insectes.* — L'agriculteur a des amis jusque parmi les insectes. Ainsi les coléoptères scarabées, surtout les carabes, les cicindèles, les harpales, les bombardiers, les calosomes détruisent les forficules, les hannetons, les chenilles, les lucarnes, etc. Ils sont secondés dans cette chasse par les lampyres ou vers luisants, par les téléphores, les staphylins, etc. — La libellule ou demoiselle, le fourmi-lion sont aussi des chasseurs émérites.

217. — Tous les myriapodes sont des destructeurs d'insectes malfaisants. Les araignées et les faucheurs doivent être également classés parmi nos auxiliaires.

Questionnaire.

213. — Quels sont parmi les mammifères nos principaux auxiliaires contre les insectes nuisibles ?

214. — Quels sont les principaux auxiliaires du cultivateur parmi les oiseaux ?

215. — En quoi les poissons sont-ils utiles à l'agriculture?

216. — Citez les principaux insectes auxiliaires de l'agriculteur.

Problèmes.

88. — On a calculé qu'une hirondelle peut détruire 500 insectes par jour. Sachant qu'elle reste 6 mois dans nos pays, on demande combien il faut de couples de ces oiseaux pour détruire chaque année cent huit millions d'insectes.

RÉP. : *Il faut 600 couples d'hirondelles.*

89. — Un écolier a surveillé avec succès 17 nids contenant, savoir : 3 nids, chacun 4 oiseaux ; 6 nids, chacun 5 oiseaux ; le reste 6 oiseaux par nid. On estime que chacun de ces oiseaux détruira des insectes qui causeraient à l'agriculture un préjudice annuel de 0 fr. 55. Quels seraient les avantages d'une semblable protection exercée dans une année par 15 000 écoliers ?   (*Certif. d'ét.*)

RÉP. : *Le bénéfice de cette protection s'élèverait à 874 500 fr.*

90. — Le hibou est un destructeur de hannetons. Si l'on suppose que pendant 25 jours chaque année il peut détruire chaque jour 25 de ces coléoptères, dont les 2/3 seraient des femelles, on demande de combien de vers blancs ont préservé leur commune 3 enfants qui ont sauvé la vie à 9 hiboux chacun, sachant que le hanneton pond en moyenne 90 œufs.

RÉP. : *Ils ont préservé leur pays de 1 012 500 vers blancs.*

31ᵉ LEÇON

—

Apiculture.

Le travail rend tout aisé.

218. — L'abeille occupe incontestablement le premier rang parmi les insectes utiles ; c'est elle, en effet, qui nous donne la cire et le miel.

219. — L'apiculture est l'art d'élever les abeilles et de leur faire produire le plus de miel possible.

220. — *Ruches.* — L'abeille vit en famille ; chaque colonie habite une ruche. La ruche la plus avantageuse est la ruche à cadres, parce qu'elle permet d'enlever le miel sans détruire les abeilles.

221. — *Abeilles.* — La ruche renferme trois sortes d'abeilles : la reine, les ouvrières et les mâles. C'est la reine qui pond les œufs ; ce sont les ouvrières qui font la cire et le miel. Les mâles ou bourdons ne travaillent point ; ils sont plus gros que les ouvrières et ne portent point d'aiguillon ; ils ne vivent que deux à trois mois.

222. — *Essaim.* — On appelle essaim une certaine quantité d'abeilles qui abandonnent la ruche pour aller former une nouvelle colonie. Elles sont toujours accompagnées d'une reine-mère. On recueille les essaims dans de nouvelles ruches.

223. — *Miel.* — Le miel est une substance liquide sucrée que les abeilles recueillent dans les fleurs. L'époque de la récolte du miel dépend de la flore du pays. On extrait le miel des ruches à cadres sans détruire les rayons. Pour cela on se sert d'un instrument appelé turbine.

224. — *Nourriture.* — Lorsque les abeilles n'ont pas suffisamment de miel à la fin de l'été, il faut les nourrir. On peut alors leur donner un sirop composé de sucre fondu dans l'eau.

225. — *Cire. Pollen.* — La cire est une substance précieuse dont l'homme tire parti dans l'industrie. Dans la ruche, elle compose les gâteaux où les abeilles déposent le miel. — Le pollen que les abeilles apportent à la ruche est la poussière fécondante des fleurs ; il sert à la nourriture du couvain.

226. — *Ennemis des abeilles.* — Les plus redoutables ennemis des abeilles sont les crapauds, les souris, les musaraignes, les guêpes, la fausse-teigne, les araignées et les fourmis.

Questionnaire.

219. — Qu'est-ce que l'apiculture ?

220. — Dites quelle ruche est la plus avantageuse.

221. — Combien une ruche renferme-t-elle de sortes d'abeilles ? — Que fait la reine ? — l'ouvrière ? — le bourdon ?

222. — Qu'appelle-t-on essaim ?

223. — Qu'est-ce que le miel ?

224. — De quoi se nourrissent les abeilles ?

225. — Qu'est-ce que la cire ? — Qu'est-ce que le pollen ?

226. — Quels sont les ennemis des abeilles ?

Problèmes.

91. — Quelle somme retirera le fermier qui vend 15 ruches à raison de 0 fr. 65 le kg., sachant que chaque ruche pèse brut 17 kg. et que la tare est 2 kg. 725 ?

RÉP. : *Ce fermier retirera 139 fr.18.*

92. — Quel revenu se fait un cultivateur avec un rucher qui contient 25 ruches, sachant que 5 ruches donnent en moyenne 4 essaims qui, à la saison de vente, ont un poids moyen de 14 kg.25 net, et qu'il vend à raison de 0 fr.65 le kg. ? Il estime que chacune de ses 25 ruches lui coûte 0 fr.75 d'entretien.

RÉP. : *Ce cultivateur se fait un revenu de 166 fr.50.*

93. — Le nombre des abeilles d'une ruche est tel que s'il en meurt le 1/3, puis les 2/5 du reste, il y en a encore 20 000. Quel est le nombre des abeilles de la ruche ?

RÉP. : *Le nombre des abeilles est de 50 000.*

32ᵉ LEÇON

—

Pisciculture.

*En toute chose il faut
considérer la fin.*

227. — La pisciculture est l'art de faire éclore artificiellement les poissons, de les multiplier et de les élever.

228. — L'un des premiers soins d'un cultivateur qui veut s'adonner à la pisciculture sera de choisir la place que doivent occuper les étangs. Les terrains les plus convenables sont ceux qui restent couverts d'eau pendant une partie de l'année ou qui seraient trop marécageux pour être livrés à la culture.

229. — Les étangs ont l'avantage d'assainir les terrains en facilitant l'écoulement des eaux. En se livrant à la pisciculture, le cultivateur augmente ses revenus sans ajouter à ses fatigues ni aux frais d'exploitation.

230. — On peut élever facilement la carpe, la tanche, l'anguille, etc. ; mais pas avec le brochet qui est un piscivore des plus voraces : il dépeuplerait l'étang. Les grenouilles se nourrissant du frai du poisson, il est bon d'en purger les pièces destinées à la pisciculture.

231. — Il faut éviter de mettre du chanvre ou du lin à rouir dans les pièces d'eau contenant du poisson : la décomposition de ces végétaux corrompt l'eau et dépeuple absolument toutes les eaux contaminées.

Questionnaire.

227. — Qu'est-ce que la pisciculture ?

228. — Quel terrain convient-il de réserver aux étangs ?

229. — Quels sont les principaux avantages de la pisciculture ?

230. — Quels poissons peut-on élever dans un étang ?

231. — Que faut-il éviter de mettre dans un étang contenant du poisson ?

Problèmes.

94. — Un cultivateur fait creuser un étang de 40 m. de
long, 25 m. de large et 1 m. 50 de profondeur. Il étend la
terre qui en provient sur une prairie de 7 ha. 50. Quelle
sera l'épaisseur de cette couche de terre ?

RÉP. : *Epaisseur de la couche de terre : 0 m. 02.*

95. — Pour vider l'étang du problème précédent on a
mis 8 h. 20 m. Combien s'est-il écoulé d'eau par seconde,
sachant que le niveau de l'eau était à 0 m. 50 du bord su-
périeur, et qu'il y avait 0 m. 25 de vase ?

RÉP. : *Il s'est écoulé 25 litres d'eau par seconde.*

96. — Lors de l'épuisement de l'étang on a trouvé 150
carpes, 200 tanches pesant 190 kg., et 125 anguilles pesant
93 kg. 75. Le poids total est de 621 kg. 25. La carpe vaut,
le kg., en moyenne, 1 fr. 50, la tanche 1 fr. 05, l'anguille
1 fr. 80. Trouver la valeur totale du poisson de l'étang, le
poids total des carpes, et le poids moyen d'une carpe,
d'une tanche et d'une anguille.

RÉP. : *Valeur totale du poisson* .... 874 fr. 50
Poids total des carpes .... 337 kg. 50
Poids moyen d'une carpe 2   25
Idem, d'une tanche 0   95
Idem, d'une anguille 0   75

33ᵉ LEÇON

Culture du pommier.

La richesse est le partage de l'homme
soigneux et vigilant.

232. — Le pommier est un arbre cultivé dans un double but, savoir : la production des *fruits de table* et la production des *fruits de pressoir*. Les fruits de table se cultivent ordinairement dans les jardins, le plus souvent en espalier ou en cordon ; les fruits de pressoir croissent librement en plein champ.

233. — *Plantation du pommier.* — Il ne faut jamais planter que des sujets très vigoureux et d'une belle venue : un bon pommier n'occupe pas plus de place et ne demande pas plus de soins qu'un mauvais. Il y a tout avantage à planter à l'automne après la chute des dernières feuilles, c'est-à-dire à la fin de novembre. Les fosses, d'environ deux mètres de diamètre, doivent être creusées quelques mois avant la plantation, afin de donner à la terre le temps de s'aérer.

234. — Il importe de ne planter qu'à une faible profondeur. La règle à suivre est de placer le collet de la racine à quatre ou cinq centimètres au-dessus du sol. On met ensuite le jeune arbre à l'abri de l'atteinte du bétail.

235. — *Greffage.* — Il est essentiel de ne greffer que des variétés de bonne qualité, c'est-à-dire celles qui sont vigoureuses, parfumées, fertiles, riches en sucre et en tanin. Il est préférable de ne greffer un jeune arbre que l'année qui suit sa plantation.

236. — *Soins à donner au pommier.* — Le premier soin consiste à labourer légèrement la terre au pied du pommier et à y déposer de l'engrais. Le marc de pommes additionné d'un quart de superphosphate est l'un des engrais les plus efficaces. Le purin coupé d'un tiers d'eau est également excellent.

237. — Il est important de débarrasser le pommier des parasites de toutes sortes qui nuisent à sa végétation et à son rendement; il faut donc faire disparaître le gui, les lichens, le bois mort et les insectes nuisibles : chenilles, anthonomes, etc. On peut à cet effet badigeonner les troncs et asperger les branches, pendant l'hiver, avec une dissolution contenant quinze à vingt pour cent de sulfate de fer mêlée d'un peu de terre glaise délayée.

Questionnaire.

232. — Quel est le but de la culture du pommier ?

233. — Quels pommiers faut-il planter ? — Quand doivent être creusées les fosses destinées au pommier ?

234. — Quelle règle suit-on dans la plantation du pommier ?

235. — Quelles variétés de pommiers faut-il greffer ? — Quand greffe-t-on un jeune pommier ?

236. — Quels sont les soins à donner au pommier ?

237. — Quel moyen faut-il employer pour débarrasser le pommier de ses ennemis ?

Problèmes.

97. — Un cultivateur a 50 mille de pommes à vendre. A la mi-octobre, on lui offre 21 fr. 50 du mille. Il préfère attendre, espérant les vendre plus cher. A la fin de novembre il les vend 23 fr. 25 le mille, mais le vingtième de ses pommes est gâté. Combien a-t-il gagné ou perdu à attendre ?

Rép.: *Il a gagné 29 fr. 375*

98. — J'ai acheté 14 hl. de cidre à 2 fr. 60 le double-décal. J'y ai ajouté 120 l. d'eau. Quel est le prix du litre du mélange ?

Rép. : Le prix du litre est 0 fr. 12.

99. — Un verger d'une contenance de 35 ares a été acheté à raison de 0 fr. 25 le mq. Il a donné 53 hl. de cidre qui ont été vendus 15 fr. la barrique de 220 l. A combien pour 1100 l'acheteur a-t-il placé son argent, si les frais divers se sont élevés à 225 fr. ?

Rép. : Gain pour 100 : 32 fr. 85.

34ᵉ LEÇON

Fabrication du cidre.

*Le plaisir court après celui
qui le fuit.*

238. — La première condition pour obtenir de bon cidre, c'est de faire choix de pommes de bonne qualité.

239. — Les fruits doivent être cueillis un peu avant leur complète maturité, par un beau temps. On les met en tas à l'abri de la pluie, qui leur serait nuisible.

240. — Il ne faut les écraser que lorsqu'ils sont complètement mûrs, et après en avoir retiré les fruits pourris. Il est bon de laisser macérer la pulpe durant une demi-journée avant de la soumettre au pressoir.

241. — Les tonneaux qui reçoivent le cidre ne sauraient être trop propres. Ils doivent être exempts de toute mauvaise odeur.

242. — La fermentation se produit au bout de quelque temps. Pour qu'elle se fasse dans des conditions avanta-

geuses, il faut que la température de la cave se maintienne à environ quinze degrés.

243. — On soutire le cidre après la première fermentation. Il faut le transvaser dans des fûts bien propres ; on ne saurait trop le répéter, la propreté influe singulièrement sur la qualité du cidre. Les fûts doivent être maintenus constamment pleins pour empêcher les mères de s'y former.

244. — Les fruits gâtés et ceux qui sont tombés prématurément ne doivent pas être mélangés aux autres ; on en fait un cidre que l'on consomme tout d'abord.

245. — Les meilleures pommes à cidre sont les douces-amères. Le cidre de qualité supérieure s'obtient par le mélange de pommes douces et de pommes douces-amères, dont les qualités se complètent et les défauts se neutralisent.

246. — Les pommes aigres employées seules ou en trop grande quantité donnent un cidre de mauvaise qualité. — Il est bon d'en avoir certaines variétés pour la table, telles que rainette, locard, etc.

Questionnaire.

238. — Quelle est la meilleure condition pour obtenir de bon cidre ?

239. — Quand les pommes doivent-elles être cueillies ?

240. — Quand écrase-t-on les pommes ?

241. — Quelle qualité doivent avoir les tonneaux destinés au cidre ?

242. — Que faut-il pour que la fermentation s'opère dans de bonnes conditions ?

243. — Quand soutire-t-on le cidre ?

244. — Que fait-on des fruits gâtés et de ceux qui sont tombés les premiers ?

245. — Comment s'obtient le cidre de qualité supérieure ?

Problèmes.

100. — 20 litres de cidre rendent 1 litre d'eau-de-vie. Combien obtiendra-t-on de litres d'eau-de-vie avec 3 pièces de cidre de chacune 206 litres ?

Rép. : *On obtiendra 30 l. 90 d'eau-de-vie.*

101. — Dans un verger de 158 ares on a récolté 7 250 kg. de pommes. 1000 kg. de pommes ont donné 8 hectol. de cidre qui ont été vendus 0 fr. 15 le litre. On demande le produit net de la récolte par hectare, les frais de fabrication ayant absorbé 1/3 du produit brut.

Rép. : *Le produit net est 367fr.10.*

102. — Un cultivateur a 5 hectares 48 de terrain planté en pommiers, à raison de 65 par hectare. Chaque arbre donne en moyenne 18 décal. de pommes, et chaque hectolitre de pommes donne 45 litres de cidre. Ce cultivateur réserve 25 hectol. de cidre pour sa consommation et vend le reste à 14 fr. 30 l'hectol. Combien retire-t-il de cette vente?

Rép. : *Le montant de la vente est 3 766fr.05.*

35ᵉ LEÇON

Horticulture. — Jardin potager.

Ce n'est pas ce qu'on sème qui rapporte, c'est ce qu'on soigne.

247. — L'horticulture est l'art de faire produire à la terre des légumes, des fleurs et des fruits. — Les légumes, en général, demandent une terre franche, riche en humus.

Il faut qu'un jardin potager soit copieusement fumé. L'usage du terreau, surtout pour recouvrir les semis, est excellent.

248 — *Carottes*. — La carotte exige un sol profondément défoncé, bien meuble et de bonne qualité. Il existe une grande variété de carottes. Cette plante se sème depuis mars jusqu'à la fin de juin. On trace au cordeau de petites raies où l'on dépose la graine, et l'on recouvre au râteau. On nettoie et l'on éclaircit en temps utile.

249. — *Choux*. — Il existe une variété considérable de choux pommés. Il y en a de hâtifs qui donnent dès le printemps ; d'autres produisent à l'été ; d'autres enfin en hiver. On sème à des époques différentes, suivant l'espèce. Le chou aime l'engrais et ne redoute pas un fumier froid, non plus qu'une terre récemment défrichée.

250. — *Laitues*. — Il existe trois espèces distinctes de laitues : les laitues pommées, les laitues romaines ou chicons et les laitues Batavia ou croquantes. — Les laitues pommées sont très variées. On distingue, entre autres, les laitues d'hiver et celles de printemps. Celles d'hiver se sèment à la fin d'août ou dans le courant de septembre ; on transplante quelques semaines après. Les variétés de printemps se sèment depuis la fin de l'hiver jusqu'à la fin de juin. La laitue romaine se sème et se repique à l'automne

251. — *Oignons*. — Ce légume aime les terres substantielles plutôt légères que fortes. L'oignon d'hiver se sème en août, l'oignon d'été en février. On repique en avril ou mai ; des sarclages fréquents sont indispensables pour la réussite de l'oignon.

Questionnaire.

247. — Qu'est-ce que l'horticulture ?

248. — Quel soin exige la carotte ? — Comment la sème-t-on ?

249. — Quelle préparation doit-on donner à la terre destinée à la culture du chou ?

250. — Combien existe-t-il de sortes de laitues ? — Quand sème-t-on les laitues ?

251. — Quelles terres demande l'oignon ? — Quand se sème-t-il ?

Problèmes.

103. — 3 villageois ont acheté ensemble 30 ares de jardin, à raison de 100 fr. l'are, plus 60 fr. de frais de vente. Le premier prend 15 ares, le deuxième 9 ares. Combien doit chacun ?

RÉP. *Le 1er doit 1530 fr. ; le 2e 918 fr. ; le 3e 612 fr.*

104. — On a entouré d'un triple rang de fil de fer un jardin rectangulaire de 48ᵐ 50 de long sur 26ᵐ 50 de large. Tout posé, ce fil de fer, dont 5ᵐ pèsent 275 gr., revient à 0 fr. 80 le kg. Il a fallu, pour supporter les fils, des pieux placés à 3ᵐ de distance et valant 35 fr. le 100. Quelle a été la dépense totale ?   (*Certif. d'ét.*)

RÉP. : *La dépense totale a été 37 fr. 30.*

105. — Les 2/3 d'un jardin sont ensemencés en choux, le 1/4 en oignons et le reste en carottes. Quelle est la surface du jardin si les carottes occupent une étendue de 7 ares 6 centiares ? Quelle en est la valeur si l'hectare est estimé 12 000 fr. ?   (*Certif. d'ét.*)

RÉP. : *1° Surface du terrain 84 a. 72 ; 2° La valeur est 10 170 fr. 40.*

36ᵉ LEÇON

—

Jardin potager (Suite).

Celui qui sème le vent
récolte la tempête.

252. — *Poireau.* — Les semis de poireau se font en février ou mars dans une terre bien meuble et par un beau temps ; on recouvre la semence avec du terreau. On transplante lorsque les tiges sont de la grosseur d'un tuyau de plume d'oie. On creuse, à cet effet, des raies d'environ quinze centimètres, au fond desquelles on enfonce le jeune plant ; on sarcle, on bine en temps utile ; enfin l'on coupe l'extrémité des feuilles en juillet.

253. — *Haricot.* — On sème le haricot par un temps sec quand les gelées ne sont plus à craindre, c'est-à-dire en mai et juin. Le haricot se plaît dans les terres légères et meubles. Les binages et les sarclages produisent un excellent effet sur cette plante. Les rayons peuvent être espacés de quinze à vingt centimètres.

254. — *Navet.* — Le navet se sème en juin et juillet dans une terre bien préparée ; on recouvre très légèrement. On éclaircit lorsque le brin a six ou huit feuilles.

255. — *Pois.* — Les pois se sèment depuis la fin de janvier jusqu'à la fin de juin. On sème dans des raies peu profondes et espacées de dix à douze centimètres ; on recouvre avec le râteau. — On sarcle lorsque les mauvaises herbes commencent à pousser.

256. — *Fève.* — La fève se sème en février ou mars dans des raies espacées de vingt centimètres environ ; on y dépose les fèves à la distance de dix à douze centimètres les unes des autres. On coupe la tige avec l'ongle dans le courant de juin, lorsque les fleurs sont déjà développées.

257. — *Légumes divers.* — On cultive encore un grand nombre de légumes, tels que l'ail, l'échalotte, l'oseille, la mâche, la cressonnette, l'épinard, l'artichaut, le salsifis, le panais, le céleri. La plupart de ces cultures ne demandent que des soins de propreté.

Questionnaire.

252. — Dites ce que vous savez sur le semis du poireau.

253. — Où se plaît le haricot ?

254. — Quand sème-t-on le navet ?

255. — Quand et comment se sèment les pois ?

256. — Comment et quand se sème la fève ?

257. — Quels autres légumes cultive-t-on dans le jardin potager ?

Problèmes.

106. — A 0 fr. 28 le double-litre, que valent 58 décal. de pois ? — Quelle quantité aurait-on pour 25 fr. ?

Rép. : 1° *58 décal. de pois valent 81 fr.20. ;*
2° *On aura 178 lit. 57 de pois pour 25 fr.*

107. — Un maraîcher a vendu à un marchand de légumes 255 bottes de poireaux à 45 fr. les 100 bottes ; 350 kg. de navets à 35 fr. les 100 kg. ; 260 kg. de haricots, 1/3 à 70 fr. et le reste à 54 fr. les 100 kg. ; 125 choux-fleurs à 48 fr. le cent. Le marchand revend le tout avec un bénéfice moyen de 4 0/0. Combien en retire-t-il et que doit-il au maraîcher ?

Rép. : 1° *Le marchand retire 469 fr.58 de sa vente ;*
2° *Il doit 451 fr.52 au maraîcher.*

108. — J'ai acheté pour 180 fr. de haricots au prix de 1 fr. 25 le demi-décal. Combien dois-je revendre le litre pour gagner 36 fr. sur le tout ? Combien aurai-je gagné pour 100 ?

Rép. : 1° *Je dois revendre le litre 0fr.30 ;*
2° *J'aurai gagné : 20 0/0.*

37e LEÇON

—

Jardin fruitier.

> *Tout arbre qui ne produit pas de bons fruits sera coupé et jeté au feu.*

258. — Les arbres fruitiers sont cultivés à basse tige, à demi-tige ou à haute tige. — On désigne sous le nom d'arbres à basse tige ceux que l'on taille et que l'on dirige sous des formes variées, telles que palmettes, cônes, cordons. Les espaliers sont des arbres à basse tige que l'on applique le long d'un mur au moyen d'un treillage ou de fils de fer.

259. — *Greffage.* — Le greffage est une opération par laquelle on ente un rameau d'un arbre de bonne qualité sur un autre arbre qu'on veut améliorer. Il y a différentes sortes de greffes : la greffe par approche, la greffe en fente, la greffe en couronne, la greffe en écusson.

260. — *Taille.* — La taille a un double but : 1° donner à l'arbre une forme convenable et le débarrasser du bois inutile ou mal placé ; 2° obtenir des fruits plus gros et de meilleure qualité.

261. — *Poirier.* — Le poirier est un de nos arbres fruitiers les plus fertiles et les plus utiles. On le greffe sur franc ou sur cognassier ; on le taille en espalier ou en cône.

262. — *Pêcher*. — Le pêcher se plaît dans les sols profonds, pas trop humides et renfermant du calcaire. On le cultive en espalier ou à haute tige.

263. — *Abricotier*. — L'abricotier réussit au levant, dans des terres légères, et au midi, dans les terrains plus compacts.

264. — *Cerisier. Prunier*. — Le cerisier et le prunier se cultivent quelquefois en espalier, mais ordinairement en plein vent.

265. — *Vigne*. — La vigne, dans nos contrées, se cultive le plus souvent en cordons, le long des murs exposés au sud et au couchant.

266. — Le groseillier et le framboisier sont très répandus et se montrent peu difficiles sous le rapport de la qualité du sol et des soins à recevoir.

Questionnaire.

258. — Comment sont cultivés les arbres fruitiers ? — Que désigne-t-on sous le nom d'arbres à basse tige ?

259. — Qu'est-ce que le greffage ? — Combien distingue-t-on de sortes de greffes ?

260. — Quel est le double but de la taille ?

261. — Qu'est le poirier parmi nos arbres fruitiers ?

262. — Où se plaît le pêcher ?

263. — Où réussit l'abricotier ?

264. — Comment se cultivent le cerisier et le prunier ?

265. — Comment cultive-t-on la vigne ?

266. — Quels sols conviennent au groseillier et au framboisier ?

Problèmes.

109. — Un jardinier a récolté 820 poires William. Il en réserve un demi-cent pour sa consommation et vend le reste à raison de 4 pour 45 centimes. Combien en retirera-t-il ?

Rép. : *Il en retirera 86 fr. 625.*

110. — Un jardinier a 12 abricotiers qui lui ont rapporté, en 1893, 624 abricots ; il en vend le 1/4 à 5 centimes l'un, la moitié à 7 centimes, et il retire 12 fr. 25 du reste. Combien lui ont-ils rapporté et combien a-t-il vendu l'abricot en dernier lieu ?

Rép. : *1° Ils lui ont rapporté 41 fr. 89 ;*
2° En dernier lieu il a vendu 0 fr. 08 l'abricot.

111. — Une fermière a dans son jardin un prunier dont elle vend les fruits 15 fr. 50. La marchande qui les a achetés les revend avec un bénéfice de 9 fr. 75, et elle en donne 6 pour 5 centimes. Combien le prunier avait-il de prunes ?

Rép. : *Le prunier avait 3 030 prunes.*

38ᵉ LEÇON

—

Comptabilité agricole.

L'ordre est le père de l'économie.

267. — Le cultivateur intelligent et avisé ne laisse rien au hasard : il tient à se rendre compte de tout.

268. — La mémoire, même la plus fidèle, ne saurait retenir la multitude des détails d'une exploitation ; il est donc nécessaire d'avoir des livres-registres qui relatent exactement tous les faits intéressants, et particulièrement les transactions, qu'il importe de noter avec une rigoureuse exactitude.

269. — Le fermier aura, outre son carnet de poche : 1° *un livre journal* ; 2° *un livre de caisse* ; 3° *un livre d'inventaire.*

270. — Le livre journal est un registre sur lequel on

inscrit toutes les opérations : achats, ventes, échanges, etc., au fur et à mesure qu'elles se produisent.

271. — Le livre de caisse est un registre où l'on inscrit les recettes et les dépenses à mesure qu'elles ont lieu.

272. — L'inventaire d'une exploitation doit se faire au moins une fois chaque année, à la fin de décembre. — Cet inventaire consiste à établir la valeur actuelle de tout ce que le cultivateur possède (*actif*), mobilier, instruments, grains, bétail, etc. ; ensuite l'énumération de tout ce qu'il doit (*passif*). — La différence entre l'actif et le passif lui fera connaître exactement sa situation. — Le détail de ces diverses opérations s'inscrit sur un registre spécial appelé *livre d'inventaire*.

273. — Un cultivateur soigneux et actif tient à jour toute sa comptabilité, de façon à ne rien omettre, à ne rien oublier.

274. — C'est pour cette fin qu'il a toujours un carnet de poche, où il relate, à l'instant même, les ventes et les acquisitions qu'il fait, ainsi que tout ce qui a trait à ses affaires ; il en fait le relevé sur le registre qui convient.

Questionnaire.

268. — Que doit avoir le cultivateur pour remédier aux oublis ? — Qu'importe-t-il surtout de noter exactement ?

269. — Outre son carnet de poche, quels autres livres le fermier doit-il avoir ?

270. — Qu'est-ce que le livre journal ?

271. — Quest-ce que le livre de caisse ?

272. — En quoi consiste l'inventaire d'une exploitation ? — Qu'est-ce que le livre d'inventaire ?

274. — Qu'inscrit le cultivateur sur son carnet de poche ?

Problèmes.

112. — Trouver, au prix moyen de 8400 fr. l'hectare, le prix d'une propriété ainsi composée : un verger de

42 ares, 5 ; un pré de 2 hectares 12 ares 7 centiares ; un jardin de 18 ares 9 centiares ; terres arables 3 hectares 49 ares 52 centiares, et une maison de 3 600 fr.

Rép. : *Prix de la propriété : 55 863 fr. 12.*

113. — En admettant que les frais d'exploitation de 1 hectare de terre cultivée en blé s'élèvent à 378 fr., et que le produit d'un hectare soit de 21 hl. 75 de grain et d'une quantité de paille évaluée à 98 francs, à quel prix faut-il que le cultivateur vende l'hectol. de blé pour gagner 138 fr. 60 par hectare ?

Rép. : *Ce cultivateur vendra 19 fr. 25 l'hectol. de blé.*

114. — Un cultivateur achète un cheval qu'il revend avec 110 fr. de bénéfice. Que lui a coûté ce cheval, s'il a reçu en échange une vache valant 340 fr., un veau 80 fr. et 270 bottes de fourrage à 0 fr. 32 l'une ?   (*Certif. d'ét.*)

Rép. : *Le prix de ce cheval est 396 fr. 40.*

39ᵉ LEÇON

Economie rurale.

On perd souvent plus dans un jour par négligence, qu'on ne gagne dans une semaine par le travail.

275. — L'économie rurale est l'art de tirer le meilleur parti de tous les agents de production à la portée du cultivateur.

276. — *Agents de production.* — Ces agents sont *l'homme*, la *terre*, les *engrais*, les *instruments*, le *bétail*. Organiser une culture, c'est la pourvoir de tous les agents de production, le sol, les engrais, etc. ; l'administrer, c'est en diriger et en surveiller la marche.

277. — *L'homme.* — Pour bien comprendre le rôle de l'homme, il faut le considérer au point de vue physique et au point de vue moral. L'homme, en tant qu'agent physique, est inférieur à bon nombre d'animaux ; il est donc de l'intérêt du cultivateur de faire exécuter par ceux-ci les travaux qui demandent un grand déploiement de force physique. — L'homme moral est celui qui est profondément religieux ; il inspire la confiance parce qu'il est honnête et juste.

278. — *Le sol.* — La valeur du sol dépend de sa fertilité, de sa situation, des débouchés, de l'éloignement ou du rapprochement d'un centre populeux, du prix de la main-d'œuvre dans la contrée.

279. — *Engrais.* — La facilité de produire ou de se procurer des engrais à des prix convenables joue un grand rôle dans une culture.

280. — *Les débouchés.* — On appelle débouchés les lieux où l'on peut vendre ou échanger les produits de la ferme, comme les céréales, la viande, le beurre, etc. L'union, par le moyen des syndicats, facilite les acquisitions et les ventes.

281. — *Protection du ciel.* — Avant tout et par-dessus tout, le laboureur doit s'efforcer d'attirer sur lui, sur sa famille et ses travaux, les bénédictions célestes. Sans la protection divine, c'est en vain qu'il suerait sang et eau et ferait les plus savantes combinaisons. Qu'il n'oublie pas que c'est par l'observation de la loi sainte du Seigneur qu'il méritera que la rosée du ciel féconde ses travaux.

Questionnaire.

275. — Qu'est-ce que l'économie rurale ?

276. — Quels sont les agents de production ?

277. — Qu'est l'homme en tant qu'agent physique ? — Qu'est-ce que l'homme moral ?

278. — De quoi dépend la valeur du sol ?

280. — Qu'appelle-t-on débouchés ? — Que fait l'union par le moyen des syndicats ?

281. — Quelle protection le laboureur doit-il s'efforcer d'attirer sur lui ?

Problèmes.

115. — Une fermière nourrit deux douzaines de poules et leur fait consommer 180 litres de sarrasin à 11 fr. l'hectolitre ; 180 litres de criblures à 1 fr. 32 le décalitre ; 180 litres d'orge à 2 fr. 40 le double-décalitre et 90 kg. de son à 105 fr. les 1000 kg. Chaque poule lui a donné en moyenne 22 douzaines d'œufs à 0 fr. 50 la douzaine. Quel est son bénéfice ?

Rép. : *Le bénéfice de la fermière est de 189 fr. 39.*

116. — Un fermier, pour payer une dette de 79 fr. 50, offre de donner du blé valant 26 fr. 50 le quintal et pesant 75 kg. l'hectolitre. Combien doit-il donner de doubles-décal. de ce blé ?   (*Certif. d'ét.*)

Rép. : *Il doit donner 20 doubles-décal.*

117. — Le fumier placé dans le voisinage des rigoles et lavé par les pluies perd 1/3 de sa valeur. Dans une ferme où il y a 12 vaches produisant chacune par jour 56 kg. de fumier, quelle est la perte faite en une année, sachant que le mètre cube de fumier pèse 540 kg. et coûte 4 fr. 50 ?

(*Certif. d'ét.*)

Rép. : *Perte faite en une année : 681 fr. 33.*

40ᵉ LEÇON

—

Constructions rurales.

*Trois déménagements
équivalent à un incendie.*

282. — L'une des conditions essentielles du bon aménagement d'une exploitation consiste dans la disposition et l'appropriation des bâtiments.

283. — *Emplacement.* — L'hygiène interdit de bâtir dans un bas-fond ou sur un sol marécageux, à cause de l'humidité si contraire à la santé. Il faut choisir un terrain un peu en pente situé à mi-coteau : on évite ainsi les brouillards de la vallée et les grands vents des crêtes élevées.

284. — *Sécurité.* — La prudence conseille d'éviter les endroits déserts où l'on serait exposé aux attaques des voleurs ou à la malveillance des incendiaires.

285. — *Accès.* — Il importe d'établir les bâtiments d'une ferme sur un terrain d'un accès facile, par exemple au bord d'une bonne route ou d'un chemin vicinal bien entretenu : une telle situation a l'immense avantage de rendre les transports faciles et économiques.

286. — *Eau.* — Une ferme a besoin d'une grande quantité d'eau potable. Il convient donc d'examiner avant tout si, dans le lieu où l'on se propose de construire, l'eau est abondante et de bonne qualité.

287. — *Nature du sol.* — Il faut sonder le terrain avant d'arrêter l'emplacement d'une construction : en bâtissant sur un sol mouvant et profond, on s'expose à des dépenses ruineuses.

288. — *Exposition.* — Autant que possible, il faut choisir un site à l'abri des vents froids et humides du nord et de l'ouest. L'orientation au levant ou au midi est la plus salubre.

289. — *Disposition*. — Les bâtiments d'une ferme doivent être disposés de façon à rendre le service facile et commode : il en résulte une économie de temps et de fatigues. — Éviter les constructions basses et peu éclairées, bâtir solidement, viser à une aération et à une lumière abondantes sont des garanties de salubrité.

Questionnaire.

282. — En quoi consiste l'une des conditions essentielles du bon aménagement d'une exploitation ?

283. — Quel emplacement doit-on choisir pour construire un bâtiment de ferme ?

284. — Quelles raisons le cultivateur a-t-il d'éviter les endroits déserts ?

285. — Où importe-t-il d'établir les bâtiments d'une ferme pour qu'ils soient d'un accès facile ?

286. — Que doit faire le cultivateur relativement à l'eau ?

288. — Quelle orientation doit-on choisir pour une ferme ?

289. — Comment doivent être disposés les bâtiments d'une ferme ?

Problèmes.

118. — On veut clore un jardin de 30 m. de long sur 18 m. de large avec un treillage en fil de fer qui a 1 m. de haut. Combien coûtera la clôture, sachant que le treillage pèse 4 kg. par mètre carré et revient à 38 fr. les 100 kg. ?

Rép. : *La clôture coûtera 145 fr. 92.*

119. — Un fossé rectangulaire de 48 m. 50 de long sur

1 m. 05 de large et 1 m. 25 de profondeur a coûté 12 fr. 80.
Combien payera-t-on pour creuser un autre fossé de 215 m.
de long, 1 m. 65 de large et 1 m. 45 de profondeur ?

RÉP. : *On payera 103 fr. 43.*

120. — Un homme achète un terrain rectangulaire
ayant 82 m. 50 de longueur et 38 m. 40 de largeur au prix
de 7 250 fr. l'hectare. Il y a fait bâtir une maison qui lui
coûte 35 240 fr. et il loue le terrain et la maison pour la
somme de 3 000 fr. A quel taux a-t-il placé son argent ?

(*Certif. d'ét.*)

RÉP. : *Il a placé son argent à 8 0/0.*

41ᵉ LEÇON

Hygiène du cultivateur.

La sobriété est la mère de la santé.

290. — Le laboureur, qui vit continuellement au grand
air et qui s'y livre à beaucoup d'exercices, est dans les
meilleures conditions pour jouir d'une robuste santé.
Mais trop souvent il la compromet par des imprudences
ou des excès.

291. — Ainsi, la plupart du temps, il reste en corps de
chemise à la suite d'un travail qui a occasionné une trans-
piration abondante, ou bien il reste des journées entières
trempé de pluie ; d'autres fois, il boira de l'eau fraîche,
étant en sueur. Il lui arrivera de demeurer les pieds
mouillés et boueux, sans changer de chaussure. De là des
refroidissements, des catarrhes, des fluxions de poitrine,
des rhumatismes aigus.

292. — Il en coûterait pourtant si peu de mettre un
pardessus lorsqu'on cesse de travailler, de changer de
linge lorsqu'on est mouillé par la sueur ou par la pluie,

de prendre une chaussure sèche lorsqu'on rentre à la maison ! De même, lorsqu'on est pressé par la soif, pourquoi ne pas mélanger à l'eau fraîche un peu de café, de vin ou de cidre ? Ce coupage l'empêcherait d'être malfaisante.

293. — Il n'importe pas moins d'habiter des appartements secs, propres, bien aérés et d'y renouveler fréquemment l'air.

294. — L'abus des boissons alcooliques est tout aussi malfaisant que les imprudences précitées. Qu'on n'oublie pas que la bouteille a tué plus d'hommes que l'épée !

295. — Le cultivateur doit aussi prendre garde de faire des efforts excessifs : plusieurs ont contracté des infirmités incurables par ces sortes d'imprudences.

296. — Bien souvent aussi l'homme des champs tarde trop à appeler le médecin en cas de grave indisposition ou de maladie : il oublie que le mal, pris à son début, résiste beaucoup moins aux soins médicaux.

297. — Après avoir fait ce qui est en son pouvoir, que le laboureur se remette entre les mains de la Providence, qui prend soin du brin d'herbe et de l'insecte, et qui veille sur chacun de nous avec une indicible tendresse.

Questionnaire.

290. — Pourquoi le laboureur est-il dans les meilleures conditions pour jouir d'une bonne santé ?

291. — Quelle imprudence commet souvent le cultivateur après un long et pénible travail ?

292. — Comment peut-on éviter un refroidissement ?

293. — Quels appartements le cultivateur doit-il habiter ?

294. — Quelles sont les conséquences de l'abus des liqueurs alcooliques ?

295. — Quelle est la suite des efforts excessifs ?

296. — Qu'oublie le cultivateur dans ses maladies ?

297. — Après avoir fait ce qui est en son pouvoir, que doit faire le cultivateur ?

Problèmes.

121. — Un homme consomme par jour 0 fr. 16 de tabac et 0 fr. 15 d'eau-de-vie. Avec l'argent qu'il dépense ainsi annuellement, combien aurait-il de vin à 30 fr. l'hectol. ?

(Certif. d'ét.)

Rép. : *Avec cet argent il pourrait acheter 377 litres 16 de vin.*

122. — Une famille composée de 8 personnes gagne en moyenne 20 fr. 50 par jour et travaille 306 jours dans l'année. A la fin de l'année, on pourrait placer à la caisse d'épargne 150 fr. 50 au nom de chacun des membres de la famille. Quelle a été la dépense journalière de cette famille.

(Certif. d'ét.)

Rép. : *La dépense journalière a été de 13 fr. 88.*

123. — Un ouvrier dépense 2 fr. 25 par jour pour tous ses frais de maison. Au bout d'un an, après avoir travaillé 25 jours par mois et payé ses dépenses avec son salaire, il trouve qu'il a mis de côté 196 fr. 25. Combien gagne-t-il par jour de travail ?

(Certif. d'ét.)

Rép. : *Il gagne par jour de travail 3 fr. 39.*

42e LEÇON

—

Restez à la campagne.

Les cieux racontent
la gloire de Dieu.

298. — O homme des champs, si tu connaissais ton bonheur, jamais tu ne déserterais le hameau pour la cité ! Compare et juge.

299. — A la campagne : vie calme et tranquille, bonheur paisible, douce quiétude ;

A la ville : vie agitée, saturée de déceptions et d'amertumes.

Au village : franche gaieté, amitié de bon aloi, plaisirs innocents ;

Dans les cités, sous des dehors trompeurs : égoïsme, cupidité, fourberie, plaisirs décevants ;

A la campagne : santé florissante, air pur, tempérament robuste ;

A la ville : air débilitant, vie monotone, santé chancelante.

300. — Que voit-on à la campagne ? Des prés verdoyants, des eaux limpides et fraîches, des fleurs odorantes, un ciel enchanteur.

Que voit-on à la ville ? Une atmosphère enfumée, un ciel brumeux, des pierres alignées.

301. — Qu'entend-on à la campagne ? Les concerts harmonieux des oiseaux, les chants rustiques des bergers, les rires francs des bons villageois.

Qu'entend-on à la ville ? Le bruit assourdissant des chars, le fracas des rues, des cris insolites.

302. — Que gagne-t-on à la ville ? Un peu d'argent
Que gagne-t-on à la campagne ? La paix, le ciel.

Que perd-on à la ville ? Le calme et la paix ; trop souvent, hélas ! son âme.

303. — O bon paysan, cultive soigneusement le champ que tes pères ont arrosé de leurs sueurs, n'abandonne pas ce village qu'ont habité tes aïeux et où reposent leurs cendres bénies. Demeure près de ce clocher, centre de tout ce que tu as de plus cher au monde.

304. — Pourquoi fuir ce hameau où tu as vu le jour, pour une terre étrangère où pas un cœur ami ne compatira à tes douleurs ? Oh ! n'abandonne pas ces lieux cham-

pêtres, où chante le rossignol, où fleurit l'aubépine et où mûrit la pomme vermeille. Oui, reste pour fermer les yeux de ta mère, et Dieu te bénira.

305. — Enfin, n'oublie pas que le travail du dimanche n'a jamais enrichi personne et que l'exacte observance de la loi de Dieu est la source des bénédictions du ciel !

Questionnaire.

298. — Que ferait l'homme des champs, s'il connaissait son bonheur ?

299. — Quelle est la vie de la campagne ? — de la ville ?

300. — Que voit-on à la campagne ? — à la ville ?

301. — Qu'entend-on à la campagne ? — à la ville ?

302. — Que gagne-t-on à la ville ? — à la campagne ? — Que perd-on à la ville ?

303. — Que doit faire le paysan devant ce qui se passe à la ville ?

304. — Quelles raisons le paysan a-t-il de rester au village ?

305. — Le travail du dimanche est-il profitable ?

Problèmes.

124. — J'ai donné 40 000 fr. pour les 8/9 d'une propriété dont la contenance totale est de 22 hectares 5. Quel est le prix de l'hectare ?

RÉP. : *L'hectare coûte 2 000 fr.*

125. — Une allée, longue de 378^m, doit être plantée d'une double rangée d'arbres espacés de 4^m 50. Trouver le nombre des arbres et leur prix à 2 fr. 50 l'un.

RÉP.: *1° Le nombre des arbres est 168; 2° Leur prix est 420 fr.*

126. — Un taillis rectangulaire ayant 217^m 50 de long et 94^m 65 de large peut donner par are 1 stère 5 de bois valant 8 fr. 40 le stère, et 14 fagots à 31 fr. le cent. Quel est le rendement total ?

RÉP. : *Le rendement total est 3 487 fr. 37.*

3*

NOTICE SOMMAIRE SUR LA CULTURE

DE MALLEVILLE (Ploërmel)

Communiquée par M. *Grandjean*, administrateur de cette propriété.

(Ce travail a été récompensé, par la Société des Agriculteurs de France, d'une Médaille d'argent G. M.)

Assolement sexennal.

PREMIÈRE ANNÉE

LABOUR DE DÉFONCEMENT. — ÉPIERREMENT

Plantes sarclées.

Rutabagas. Choux. Carottes. Pommes de terre. Maïs.

Aussitôt les ensemencements de Toussaint terminés, on donne, avec une bonne charrue de défrichement, un labour de $0^m 25$ à $0^m 35$ de profondeur ; on fait suivre l'instrument par un ouvrier muni d'un pic à tranche pour extraire les grosses pierres soulevées par la charrue et qui serviront à l'empierrement des chemins.

La mince couche de terre cultivée, d'ordinaire à $0^m 15$, s'épuise. Ce labour de défoncement a pour objet principal de rétablir la fécondité en ramenant, à la surface, des terrains pour ainsi dire vierges, et de reconstituer un sol nouveau. D'un autre côté, en augmentant la couche de terre arable, on augmente la perméabilité du sol et on met la plante cultivée en mesure de mieux résister aux grandes sécheresses comme aux grandes pluies.

On laisse pendant tout l'hiver les terres retournées. Elles s'aèrent et s'améliorent sous l'influence des agents atmosphériques, des gels et des dégels. — Au printemps on herse et on donne un second labour pour mélanger la terre du sol avec celle du sous-sol. On conduit ensuite sur cette sole tout le fumier dont on peut disposer et on l'enterre par un bon labour à plat. On donne enfin un fort hersage, et la terre se trouve ainsi bien préparée pour recevoir les plantes sarclées.

A Malleville, la **première sole** est presque tout entière consacrée à la culture du rutabaga. Il a été reconnu que c'est la culture la moins onéreuse et la plus productive.

Les rutabagas, étant la grande ressource pour la nourriture des bêtes à cornes pendant l'hiver, sont en conséquence cultivés avec le plus grand soin. Ils sont, pour moitié environ, semés à place au mois de mai ; pour le surplus repiqués en juin. La pépinière qui doit fournir les plants de repiquage est semée successivement en mars et avril sur des planches préparées dans la première sole, jamais dans les jardins, car les jeunes plants auraient grande chance d'être dévorés, au fur et à mesure de leur levée, par l'*altise*, qui en est très friande.

Les semis sur place et les plantations sont faits en lignes sur billons espacés de 0^{m}60, et à 0^{m}30 dans la ligne.

Les rutabagas sont récoltés et rentrés à l'exploitation du 1er novembre au 1er janvier.

DEUXIÈME ANNÉE

CHAULAGE.

Froment de printemps. Orge. Avoine de printemps.

Aussitôt après la récolte des rutabagas, on donne un labour à plat de 0^{m}15 et un hersage pour niveler le terrain. Dans les derniers jours de décembre on fait un compost de 40 hl. de chaux à l'hectare, qui est recoupé par temps sec en janvier.

En février, on distribue la chaux bien également par petits tas qui sont ensuite épandus à la pelle. On fait un labour de 0^{m}12 à 0^{m}15, pas plus. Si la chaux était enfoncée profondément, elle serait en partie perdue. On herse et on roule. On sème l'avoine au *semoir* à raison de 1 hl. 50 à l'hectare. Ensuite on sème à la volée 20 kg. de graine de trèfle par hectare et on passe un léger coup de herse préalablement garnie d'épines.

L'avoine est coupée à la faucille en août, à 0^{m}30 de hauteur. Si la saison est favorable, le trèfle donne une coupe en septembre et octobre.

TROISIÈME ANNÉE

Trèfle violet.

La première année on a fait une forte dépense de fumier, la seconde une forte dépense de chaux ; la troisième année il n'y a qu'à récolter. Le trèfle donne deux coupes du 10 mai au 15 août.

On doit vérifier fréquemment s'il n'apparaît pas dans le trèfle des taches de *cuscute*. Dès leur apparition, on fauche l'emplacement de la cuscute, qu'on brûle soigneusement, et on arrose la partie dénudée avec une solution de sulfate de fer à 20 0/0.

QUATRIÈME ANNÉE

Froment.

En septembre, après la deuxième coupe de trèfle, on défriche le trèfle par un bon labour à plat ; on herse et on roule.

Dans la seconde quinzaine d'octobre, on épand bien également 800 kg. de phosphate des Ardennes par hectare et on ensemence au semoir 1 hl. 50 par hectare de blé passé au trieur.

A maturité on fauche le froment par le pied, on le met en *moyettes* de six gerbes. Ce travail, peu onéreux comme main-d'œuvre, permet au grain d'achever sa maturité, lui donne de la qualité et le met à l'abri des intempéries.

On le rentre par un beau soleil dans la cour de la ferme et on l'y dispose en meules. Il est ensuite battu à la machine à vapeur.

CINQUIÈME ANNÉE

Avoine d'hiver.

Dès que le froment est enlevé on donne un labour de 0^m 15. On herse et on roule. On épand 400 kg. de phosphate des Ardennes à l'hectare et on ensemence au semoir, du 20 au 30 septembre, l'avoine grise d'hiver, à raison de 1 hl. 50 à l'hectare.

A maturité l'avoine est fauchée par le pied, mise en moyettes dans le champ, rentrée par un beau temps et disposée en meules dans la cour de la ferme. Elle est battue à la machine à vapeur.

SIXIÈME ANNÉE

1° Récoltes dérobées.

Trèfle incarnat. Navette. Seigle vert.

2° Blé noir ou Maïs.

Aussitôt après l'enlèvement de l'avoine, on conduit sur cette sole une demi-fumure qu'on enterre par un labour moyen à plat. On herse, on roule et on sème dans l'ordre suivant : trèfle incarnat, 20 kg. à l'hectare ; navette, 20 kg. à l'hectare ; seigle, 3 hl. à l'hectare.

On commence à récolter dans l'ordre inverse : le seigle du 1er au 10 avril, la navette du 15 au 30 avril, le trèfle incarnat du 10 au 15 mai.

Au fur et à mesure de l'enlèvement des fourrages de printemps, on laboure, on herse, on roule et on sème le blé noir ou le maïs.

Prairies.

Les prairies ont été drainées dans toutes les parties trop humides. Elles sont irriguées. Les canaux d'irrigation sont entretenus avec soin. Les mauvaises herbes trop envahissantes sont arrachées au printemps. Un tiers des prairies est terreauté chaque année. Les parties où il se produit de la mousse ou des herbes de mauvaise qualité sont arrosées de purin au printemps au moyen d'un tonneau à purin.

Pour le pâturage, la prairie est divisée en trois parties où le bétail est parqué successivement pendant quinze jours. Le pâtre, en gardant les vaches, étend à la fourche les taupinières et les bouses de vaches.

La prairie est hersée deux fois par an avec une herse garnie d'épines, une fois en hiver et une fois au printemps.

Parc pour les poulinières.

Une prairie drainée de 45 ares, enclose de murs, est réservée pour les poulinières et leurs poulains.

Jardins.

Les jardins, d'une contenance d'environ un hectare, outre les légumes ordinaires, sont entretenus en pépinières de pommiers, chênes, châtaigniers, sapins, peupliers, pour la plantation des terres et des bois.

Bois.

Les bois plantés dans le parc, d'une contenance d'environ 40 hectares, sont éclaircis, élagués et entretenus avec soin.

Les premiers bois de sapin abattus sont remplacés par des taillis ou des futaies d'essence feuillue.

Défrichements. — Plantations de sapins.

Les landes susceptibles de culture sont défrichées et converties en labour. Les autres sont plantées de sapins.

Bétail.

L'assolement qui précède permet d'entretenir un nombreux bétail : 70 bêtes à cornes, 6 porcs, 6 juments poulinières et en moyenne 8 poulains.

Tout le bétail est rationné. Les vaches reçoivent chacune en été 15 kg. de fourrage vert en trois rations, en hiver 10 kg. de racines, 1 kg. 250 de foin, 1 kg. 250 de paille de froment. Elles sont conduites au pâturage, en été de 5 à 8 h. du matin, et de 5 à 7 h. du soir ; en hiver de 10 heures à midi, et de 2 à 4 h. du soir. Les rations sont toujours distribuées à la même heure.

Les chevaux reçoivent en été 40 kg. par tête de trèfle pendant deux mois ; le reste de l'année ils ont 5 kg. de foin, 6 litres d'avoine et de la paille de froment à discrétion.

Tout le foin est bottelé : c'est le seul moyen d'éviter le gaspillage.

Laiterie.

Une laiterie sans luxe, mais très propre, a été installée et permet de faire, avec économie de main-d'œuvre, du

beurre fin. Les crémières sont en verre. Le beurre est
pétri au malaxeur.

Pommiers.

Depuis 1890, grâce aux bons conseils et aux excellentes
leçons du cher Frère Abel, on donne des soins spéciaux
aux pommiers. Les vieilles écorces ont été grattées, les
troncs nettoyés et badigeonnés au sulfate de fer à 10 0/0 ;
les bois morts et les gourmands ont été coupés ; les têtes
ont été arrosées avec une dissolution de sulfate de fer
pour les débarrasser des mousses et des lichens[1].

On fume les pieds des pommiers dans les champs non
ensemencés, avec des composts de marcs de pommes et de
phosphate des Ardennes, et on les arrose avec des purins
étendus de moitié d'eau.

[1] Cette opération a parfaitement réussi.

Vannes. — Imprimerie LAFOLYE, place des Lices.

MÉTHODE DE DESSIN A MAIN LEVÉE

Par F. C.

1er CAHIER. — Lignes droites et applications.
2e CAHIER. — Lignes courbes et applications.
3e CAHIER. — Division de la circonférence et applications à l'ornement.
4e CAHIER. — Objets usuels.
5e CAHIER. — Ornement classique.
6e CAHIER. — Plantes naturelles, fleurs et fruits.
7e CAHIER. — Oiseaux, papillons et animaux divers.
8e CAHIER. — Principes de perspective appliqués à la reproduction des objets usuels et des plâtres.
9e CAHIER. — Paysage.
10e CAHIER. — Tête ; — ses parties, ses proportions.

Les 3 derniers cahiers sont en préparation.

CAHIER SPÉCIAL pour la reproduction des dessins à main levée. Papier bleuté, 18 × 27.

COURS THÉORIQUE & PRATIQUE DE DESSIN LINÉAIRE

Conforme aux Programmes officiels
à l'usage des Écoles primaires élémentaires et des
Écoles primaires supérieures

Par F. C.

1er CAHIER. — Notions préliminaires de géométrie. — Tracé géométrique : Lignes droites, angles et polygones. — Sujets d'application cotés à reproduire à l'échelle : Carrelages, portes, tables, cheminée, croisées, maison.

2e CAHIER. — Tracé géométrique : Lignes courbes, raccordement des lignes, moulures. — Sujets cotés appliqués à l'architecture, à la menuiserie, à la serrurerie, à la maçonnerie.

3e CAHIER. — Projections (en préparation).

CAHIER SPÉCIAL POUR LES EXERCICES D'APPLICATION du cours théorique et pratique de dessin linéaire, papier Canson à grains, in-4° raisin.

Vannes. — Imp. Lafolye.